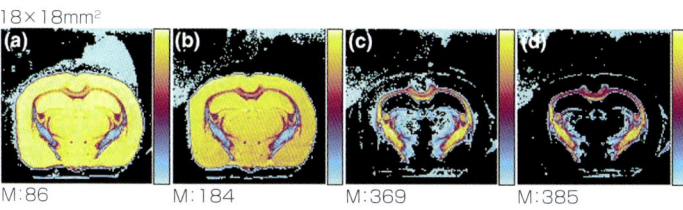
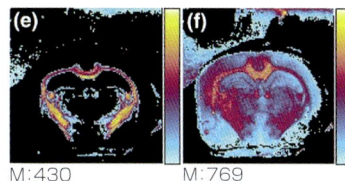

口絵 1 マウスの脳断面における各成分の正二次イオン像

(a) コリン, (b) ホスフォコリン, (c) および (d) コレステロール, (e) ビタミンE, (f) リン脂質.
【出典】D. Touboul, F. Kollmer, E. Niehuis *et al*: *J. Am. Soc. Mass Spectrom*., **16**, 1608–1618 (2005).

➡図 5.22 参照

分析化学実技シリーズ
応用分析編●1

(公社)日本分析化学会【編】
編集委員／委員長　原口紘炁／石田英之・大谷 肇・鈴木孝治・関 宏子・渡會 仁

石田英之・吉川正信・中川善嗣
宮田洋明・加連明也・萬　尚樹　[著]

表面分析

共立出版

「分析化学実技シリーズ」編集委員会

編集委員長 原口紘炁　名古屋大学名誉教授・理学博士
編集委員　 石田英之　大阪大学特任教授・工学博士
　　　　　　 大谷　肇　名古屋工業大学教授・工学博士
　　　　　　 鈴木孝治　慶應義塾大学教授・工学博士
　　　　　　 関　宏子　千葉大学分析センター准教授・薬学博士
　　　　　　 渡會　仁　大阪大学名誉教授・理学博士
　　　　　　（50音順）

分析化学実技シリーズ
刊行のことば

　このたび「分析化学実技シリーズ」を（社）日本分析化学会編として刊行することを企画した．本シリーズは，機器分析編と応用分析編によって構成される全23巻の出版を予定している．その内容に関する編集方針は，機器分析編では個別の機器分析法についての基礎・原理・装置・分析操作・実施例に関する体系的な記述，そして応用分析編では幅広い分析対象ないしは分析試料についての総合的解析手法および実験データに関する平易な解説である．機器分析法を中心とする分析化学は現代社会において重要な役割を担っているが，一方産業界においては分析技術者の育成と分析技術の伝承・普及活動が課題となっている．そこで本シリーズでは，「わかりやすい」，「役に立つ」，「おもしろい」を編集方針として，次世代分析化学研究者・技術者の育成の一助とするとともに，他分野の研究者・技術者にも利用され，また講義や講習会のテキストとしても使用できる内容の書籍として出版することを目標にした．このような編集方針に基づく今回の出版事業の目的は，21世紀になって科学および社会における「分析化学」の役割と責任が益々大きくなりつつある現状を踏まえて，分析化学の基礎および応用にかかわる研究者・技術者集団である（社）日本分析化学会として，さらなる学問の振興，分析技術の開発，分析技術の継承を推進することである．

　分析化学は物質に関する化学情報を得る基礎技術として発展してきた．すなわち，物質とその成分の定性分析・定量分析によって得られた物質の化学情報の蓄積として体系化された分析化学は，化学教育の基礎として重要であるために，分析化学実験とともに物質を取り扱う基本技術として大学低学年で最初に教えられることが多い．しかし，最近では多種・多様な分析機器が開発され，いわゆる「機器分析法」に基礎をおく機器分析化学ないしは計測化学が学問と

して体系化されつつある．その結果，機器分析法は理・工・農・薬・医に関連する理工系全分野の研究・技術開発の基盤技術，産業界における研究・製品・技術開発のツール，さらには製品の品質管理・安全保証の検査法として重要な役割を果たすようになっている．また，社会生活の安心・安全にかかわる環境・健康・食品などの研究，管理，検査においても，貴重な化学情報を提供する手段として大きな貢献をしている．さらには，グローバル経済の発展によって，資源，製品の商取引でも世界標準での品質保証が求められ，分析法の国際標準化が進みつつある．このように機器分析法および分析技術は科学・産業・生活・経済などあらゆる分野に浸透し，今後もその重要性は益々大きくなると考えられる．我が国では科学技術創造立国をめざす科学技術基本計画のもとに，経済の発展を支える「ものづくり」がナノテクノロジーを中心に進められている．この科学技術開発においても，その発展を支える先端的基盤技術開発が必要であるとして，現在，先端計測分析技術・機器開発事業が国家プロジェクトとして推進されている．

　本シリーズの各巻が，多くの読者を得て，日常の研究・教育・技術開発の役に立ち，さらには我が国の科学技術イノベーションにも貢献できることを願っている．

「分析化学実技シリーズ」編集委員会

まえがき

　表面分析が企業の研究開発や生産現場で実際に用いられ始めたのは，それほど古くはなく，今から約35年前の昭和50年代になってからである．筆者が所属していた㈱東レリサーチセンターが設立され，当時としては珍しい分析受託サービス事業を始めたのも丁度この時期である．当時表面分析手法としては，開発間もないX線高電子分光装置（XPS, ESCA）が主体で，さまざまな分野で表面に関する新しい情報を提供し表面分析の重要性が認識された時期でもあった．やや遅れて，FT-IRが実用化され，その操作性と高感度の利点を生かして，通常のバルクの分析だけでなく表面分析への展開が図られた．筆者も一担当者として，多くの産業分野の研究開発や生産現場において，表面と微小部の分析に対する期待とニーズが急速に高まっていくことを実感することができた．このころから，表面分析に関する講習会やセミナーが頻繁に開催され，表面分析に関する著書も出版されるようになった．

　本書，分析化学実技シリーズ，応用分析編1『表面分析』では，多くの表面分析の手法の中から，紙面の関係で代表的な5手法を取り上げ，その原理と実際の応用例を中心に解説する．5手法を取り上げた背景と理由を以下に簡単に述べる：

①赤外・ラマン分光法
　本手法は元来バルクの分析手法であるが，得られる情報が表面の化学構造・結晶状態・配向等のように他の手法では得られない貴重な情報が得られ，さまざまな測定方法の工夫により表面検出感度も単分子層のレベルにまで向上している．また，測定が簡単で真空等の特別な雰囲気を必要としない点も魅力である．

② X線光電子分光法

　有機材料・無機材料の区別や導電性の有無にかかわらず，ほとんどすべての固体試料への適用が可能である．表面の元素組成だけでなく化学シフトから各元素の結合状態に関する情報が確実に得られる．現在，最も普及している表面分析手法である．

③ 二次イオン質量分析法

　材料やデバイス表面の元素組成（含水素）や不純物の深さ方向分布を最も高感度で分析できる表面分析手法である．半導体分野においては最もニーズの高い分析手法であり，ここ20年における技術的進化が目覚ましい手法の一つである．分析担当者や結果の利用者にとって，測定や解釈が難しい点が多いので可能な限り疑問点を解説する．

④ 飛行時間型二次イオン質量分析法

　半導体から高分子材料や生体材料まで，さまざまな固体表面について最表面に存在する元素のみならず最表面の化学種の構造に関する情報が得られる最も表面感度の高い表面分析手法である．クラスターイオン（一次イオン）や空間分解能等の技術進歩も著しく，表面分析の分野で最も注目されている手法である．

　本書の執筆者6名は，いずれも㈱東レリサーチセンターで長年分析受託サービスの実務を行ってきた研究者であり，それぞれの分析手法について原理や問題点を熟知し，応用分野・分析事例についても豊富な経験を持っている専門家である．表面分析の著書は今までにも多く出版されているが，本書の特徴は実際の研究開発や生産現場における表面分析のニーズを熟知した経験豊富な専門の研究者によって，執筆されている点であろう．Chapter 1 では，筆者が表面分析序論として表面分析の背景・目的等を簡単に解説した．

　本書は，表面分析を実際に担当されている研究者・技術者の方だけではなく，研究開発や生産の現場で表面分析に対する必要性や関心を持っておられる方にも有益な内容となっている．また，これから表面分析を始められる初心者

まえがき

の方にも活用して頂ける構成となるように心がけた．本書が，日常の研究・開発だけでなく表面分析の教育にも役立つことを願っている．

本原稿を査読して頂き，貴重なご助言を頂いた本シリーズ編集委員長の原口紘炁先生（名古屋大学名誉教授）及び編集委員の渡會　仁先生（大阪大学名誉教授）に深く感謝申し上げます．発刊にあたり，執筆から校正まで執筆者を励まし種々ご尽力・ご支援頂きました共立出版編集部の酒井美幸さんに深く感謝いたします．

2011 年 7 月

石田英之

目 次

刊行のことば　*i*
まえがき　*iii*

Chapter 1　表面分析序論　*1*

1.1　表面分析の目的・背景　*2*
1.2　表面分析の手法　*4*
1.3　深さ方向分析　*8*

Chapter 2　赤外・ラマン分光法　*11*

2.1　はじめに　*12*
　　コラム　CCD検出器の開発はラマン分光法にとっての産業革命？　*16*
2.2　赤外分光法を用いた表面分析方法の原理と特徴　*17*
　2.2.1　全反射赤外吸収法（ATR）の原理と応用例　*17*
　2.2.2　高感度反射法（RAS）の応用例　*20*
　2.2.3　表面電磁波を利用する高感度赤外分光法の応用例　*21*
　2.2.4　拡散反射法（Diffuse Reflectance Infrared Fourier Transform Spectroscopy, DRIFTS）の応用例　*23*
　2.2.5　傾斜エッチング法および精密斜め切削法を用いた表面深さ方向分析　*27*
2.3　ラマン分光法を用いた表面分析方法の原理と特徴　*33*
　2.3.1　全反射ラマン法（ATR）の応用例　*33*
　2.3.2　SERS効果を利用した表面分析例　*34*

vii

2.3.3　共鳴ラマン効果を利用した薄膜の分析法　*38*
　　　2.3.4　ラマン分光法を用いた深さ方向の構造解析　*41*
　　　2.3.5　近赤外ラマン分光法による高分子材料の深さ方向分析　*42*
　　　2.3.6　紫外光励起近接場ラマン分光法による表面極微小部の応力解析　*44*
　2.4　まとめ　*49*

Chapter 3　X線光電子分光法（XPS, ESCA）　*53*

　3.1　はじめに　*54*
　3.2　XPSの原理と特徴　*55*
　3.3　XPS装置　*57*
　　　3.3.1　X線発生装置　*57*
　　　3.3.2　アナライザー　*58*
　　　3.3.3　検出器　*59*
　　　3.3.4　超高真空系　*60*
　　　3.3.5　帯電中和銃　*61*
　　　3.3.6　スパッタエッチング銃　*61*
　　　コラム　XPSによる仕事関数の測定　*62*
　3.4　XPS分析の実際　*63*
　　　3.4.1　試料の準備　*63*
　　　3.4.2　装置への試料導入　*64*
　　　3.4.3　測定の開始　*64*
　　　3.4.4　データ処理　*66*
　3.5　スペクトルの解釈　*69*
　　　3.5.1　ピークの同定　*69*
　　　3.5.2　定量分析　*70*
　　　3.5.3　化学シフトの解釈　*71*
　　　3.5.4　ピーク形状および半値幅　*72*
　　　3.5.5　サテライト　*73*
　　　3.5.6　価電子帯スペクトル　*76*

3.5.7　検出深さについて　77
3.6　高度な測定法　78
　3.6.1　角度分解測定　78
　3.6.2　スパッタエッチングによるデプスプロファイリング　79
　3.6.3　気相化学修飾法　81
　3.6.4　微小部測定　81
　3.6.5　放射光の利用　82
3.7　応用例　84
　3.7.1　高分子材料　84
　3.7.2　炭素材料　86
　3.7.3　ディスプレイ　88
　3.7.4　固体高分子形燃料電池　90
3.8　まとめ　92

Chapter 4　二次イオン質量分析法（SIMS）　97

4.1　はじめに　98
　コラム　宇宙科学でも SIMS は大活躍！　99
4.2　SIMS の原理と特徴　100
　4.2.1　スパッタリングと二次イオン放出　100
　4.2.2　スパッタ収率　101
　4.2.3　二次イオンの生成とイオン化率　101
4.3　SIMS の装置　103
　4.3.1　質量分析計による分類　103
　4.3.2　走査型および投影型 SIMS　106
4.4　SIMS による定量分析　107
　4.4.1　相対感度因子　107
　4.4.2　相対感度因子の求め方　108
　4.4.3　SIMS デプスプロファイルの測定精度　109
　4.4.4　マトリックス効果　110
4.5　SIMS によるデプスプロファイル測定の実際　112

  4.5.1　妨害イオンと質量分解能　*112*
  4.5.2　装置のバックグラウンド　*113*
  4.5.3　デプスプロファイルの深さ分解能　*116*
  4.5.4　絶縁物の分析　*122*
 4.6　応用例　*123*
  4.6.1　半導体材料　*123*
  4.6.2　金属材料　*125*
  4.6.3　絶縁物材料　*128*
 4.7　まとめ　*131*

Chapter 5　飛行時間型二次イオン質量分析法 （TOF-SIMS；Static SIMS）　*133*

 5.1　はじめに　*134*
 5.2　TOF-SIMSの原理と特徴　*135*
  コラム　一次イオンのエネルギーはD-SIMSよりも小さい？　*137*
 5.3　TOF-SIMSの装置　*138*
  5.3.1　質量分析計　*138*
  5.3.2　一次イオン源　*140*
  5.3.3　クラスターイオンによる有機物の高感度化　*141*
  5.3.4　エッチング用イオン銃　*143*
  5.3.5　帯電中和銃　*144*
 5.4　スペクトル解析の基礎　*145*
  5.4.1　TOF-SIMSスペクトルの特徴　*145*
  5.4.2　正イオンと負イオンの特徴　*145*
  5.4.3　高質量分解能を利用した帰属　*146*
  5.4.4　同位体比を利用した帰属　*148*
  5.4.5　試料表面の化学状態とマトリックス効果　*149*
  5.4.6　TOF-SIMSによる定量分析　*150*
 5.5　応用例　*152*
  5.5.1　高分子材料　*152*

5.5.2　ガラス材料　　*158*
　　　5.5.3　電子材料　　*160*
　　　5.5.4　生体材料・組織　　*162*
　　　5.5.5　イオンエッチング法による深さ方向分析　　*163*
　　　5.5.6　精密斜め切削法による深さ方向分析　　*165*
　　　コラム　必ず検出される表面汚染　　*167*
　5.6　まとめ　　*168*

付　録　主な元素の化学シフト　　*171*
索　引　　*179*

イラスト／いさかめぐみ

Chapter 1 表面分析序論

　最近，種々の先端デバイスや機能材料等の研究・開発において，表面や界面の構造・組成と表面の物性・機能との関係を把握することが重要になってきており，表面構造や組成の制御が重要な技術課題の一つとなっている．一口に，表面分析と言っても分析の対象となる表面は，分析の目的により極表面から表面内層部まで幅広く分布している．各種デバイスが微細化・高精細化してきており，表面の微小部の分析の重要性も高まっている．本章では表面分析の全体像をつかんでいただくために，表面物性に影響を及ぼす表面深さ，表面微小部の分析手法および深さ方向の分析手法等について紹介する．本書では次章から，主要な表面分析手法として代表的な5種の分析手法について紹介するので，種々の表面分析手法の比較を行ない，本書で紹介する分析手法の位置付けや特徴等についても簡単に解説する．

1.1 表面分析の目的・背景

　最近，種々の先端デバイスや機能材料の開発において，表面や界面の構造・組成と表面の物性・性質との関係が重要になってきており，表面構造や組成の制御が重要な技術課題の一つとなっている．一概に表面分析と言っても分析の対象となる表面は，目的により極表面から表面内層部まで分布しており，対象となる表面分析の深さは幅広い領域である．表面物性と表面深さの関係を示す典型的な例として，表1.1にガラス基板表面に形成されたステアリン酸累積膜の層数と接触角の関係を示す．1層が24Åの膜であるので，膜厚と層数は直線関係にあることがわかる．水に対する前進接触角は，1層ではガラスと膜との中間の値を示すが，3層（73Å）以上ではほぼ膜に固有の一定の値を示している．また，静摩擦係数も同様に1層では中間的な値を示すが3層以上では安定し，一定の値を示している．この事例は，ガラス表面の接触角（濡れ性）や静

表1.1　ステアリン酸累積膜の層数と表面物性

膜の層数	膜の厚さ（nm）	水に対する前進接触角*（ガラス上）	静摩擦係数**（ガラスとガラス）
0	0.0	12°	1.0
1	2.4	66°11′〜101°46′	0.12
3	7.3	115°	0.09
5	12.2	115°	0.06
7	17.1	112°	0.06
9	22.0	117°	0.06

【出典】＊前進接触角；三井，佐々木：『現代膠質学の展望　第1集』p.195（1948）．
　　　　＊＊静摩擦係数；『欧文日本化学会誌』15, 467（1940）．

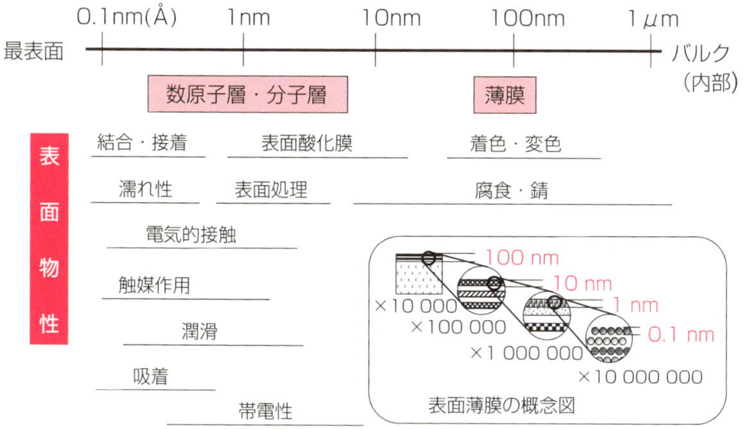

Chapter 1 表面分析序論

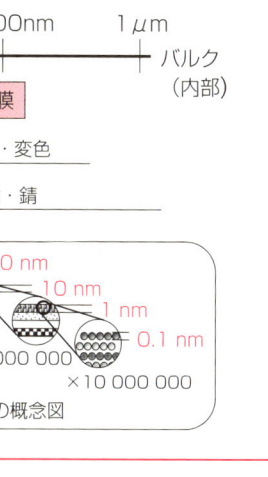

図 1.1　各種表面物性と表面厚さとの関係

摩擦係数を左右しているのは，20〜40 Åの極表面層であることを示している．

　実際の固体表面では，さまざまな表面現象が起こっており，多くの現象は実用的にも重要であり表面分析の対象になることが多い．図 1.1 に種々の表面物性と表面厚さとの関係を模式的に示す．最表面から表面内層部（1 μm）までの深さにおける，種々の表面物性の関与する深さを定性的に示している．吸着では吸着分子と固体最表面の分子間相互作用による物理吸着（ファンデルワールス力）や化学吸着（表面との化学的結合）が関与し，触媒作用においては表面原子 1〜2 層が関与している場合が多い．表面処理や腐食等では，最表面というよりもやや深い表面層が関与している場合が多い．表面酸化膜については，最先端の半導体デバイスで用いられる極薄酸化膜は数 nm のレベルであるが，通常 10 nm 程度の酸化膜が分析の対象となる．着色・変色においては 100 nm 程度の表面層における構造・組成変化が関与していることが多い．

　したがって，表面分析の対象としては，固体の最表面層の分析だけでなく薄膜の分析や表面層の深さ方向分析も重要な表面分析の対象である．図 1.1 に，表面薄膜の概念図を深さのスケールで示した．本書『表面分析』では，このような視点から実際の表面分析の現場でよく用いられる分析手法を選択し，実際の分析例を中心に概説する．

1.2 表面分析の手法

　固体表面を分析する表面分析手法として，現在 70 種類以上の手法が知られている．測定に用いられる入射系のプローブを大別すると，電子，X 線，イオン，光が用いられている．図 1.2 に代表的な表面分析手法の関連図（マップ）を示す．表面分析の内容も，単なる元素分析から表面形態観察，結合状態，構造解析まで幅広い情報が要求される．円の大きさは実際の分析現場で用いられる使用頻度に対応している．XPS, AES, SIMS, EPMA などは実際の現場で

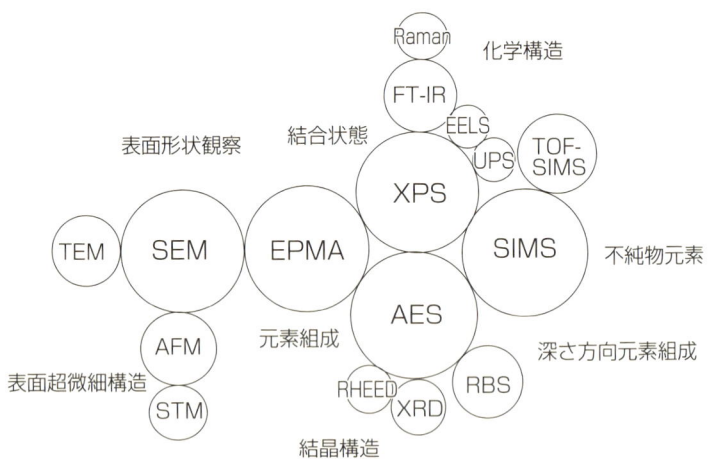

図 1.2 代表的な表面分析手法の比較

XPS：X 線光電子分光法，AES：オージェ電子分光法，SIMS：二次イオン質量分析法，EPMA：X 線マイクロアナライザー，SEM：走査電子顕微鏡，TOF-SIMS：飛行時間型二次イオン質量分析法，RBS：ラザフォード後方散乱法，XRD：X 線回折法，RHEED：反射高速電子線回折法，EELS：電子エネルギー損出分光法，UPS：紫外光電子分光法，TEM：透過電子顕微鏡，AFM：原子間力顕微鏡，STM：走査トンネル顕微鏡，FT-IR：フーリエ変換赤外分光法，Raman：ラマン分光法

用いられる頻度が高い汎用の表面分析の手法である．FT-IR やラマン分光法はもともとバルクの構造解析手法であるが，表面の化学構造に関する情報も得られるユニークな手法として，表面分析にも用いられている．AFM や SPM（走査型プローブ顕微鏡）は表面の形状観察だけでなく，最近はナノレベルでの表面物性の解析手法としてさまざまな測定手法が提案され，実用化されている．これらの分析手法については，本シリーズでは，『表面分析』とは別冊の機器分析編で企画されている．

図 1.2 に示される分析手法の中から主な表面分析手法を選び，各手法の一次プローブ，検出系，得られる情報，測定深さ，表面感度，空間分解能（分析エリア）について表 1.2 にまとめた．XPS は半導体・金属材料だけでなく，高分子材料やセラミックスにも適用できる幅広い表面分析手法である．表面に存在する元素の結合状態（状態分析）についての情報が得られる点も貴重であ

表 1.2　表面分析の主な手法

手法	プローブ	検出系	情報	測定深さ	表面感度	空間分解能
X線光電子分光法 XPS（ESCA）	X線	光電子	元素・結合情報（分布）	2〜5 nm	〜0.1%	10 μm
オージェ電子分光法 AES	電子線	オージェ電子	元素，分布（結合状態）	2 nm	〜1%	30 nm
2次イオン質量分析法 SIMS, TOF-SIMS	イオン	2次イオン	元素，分布（構造情報）	1〜2 nm	ppm	200 nm
電子線微小部分析法 EPMA	電子線	X線	元素・分布	1 μm	〜1%	1 μm
走査電子顕微鏡 SEM, FE-SEM	電子線	2次電子	表面形態			0.7 nm
走査型プローブ顕微鏡 SPM（STM, AFM 他）	探針	原子間力など	表面形態，粗さ局所物性		0.01 nm	0.1 nm
ラマン分光法	可視光	ATRラマン SERS	化学結合・配向結晶性・同定	10 nm	単分子層	0.5 μm
フーリエ変換赤外分光法 FT-IR	赤外光	反射法（ATR, RAS）	化学結合・配向二次構造・同定	100 nm	単分子層	8 μm
接触角法（液滴法，Wilhelmy 法）	液体	接触角	濡れ性表面自由エネルギー	(1〜2 nm)	単分子層	1 mm

主な表面分析手法について，用いるプローブと得られる情報，分解能，感度などを表にまとめた．EPMA や FT-IR など，一般には表面分析とされていないものも比較のため掲載した．

る．AES は絶縁材料への適用は難しいが，電子線を一次プローブに用いているため高い空間分解能で表面の元素分析ができるのが特徴である．SIMS は一次イオンによるスパッタリングで生成した二次イオンを質量分析するため，感度が高く不純物元素の深さ方向の分析には不可欠の手法である．TOF-SIMS は一次プローブとしてクラスターイオンなどを用い，表面に存在する分子種のフラグメントイオンを TOF 型の質量分析計で検出する高感度な最表面の分析手法であり，広範な分野への展開が期待されている．SEM（FE-SEM）は，種々の材料・デバイスの表面形状・形態の観察には不可欠の手法であり，表面分析の入口に位置する基本的な手法である．SPM は前述したように，AFM や STM による単なる表面形状観察だけでなく，ナノレベルでの表面物性や構造解析への展開が急速に進んでいる．ラマン分光法や FT-IR のような振動分光法はもともとバルクの構造解析手法であったが，化学構造に関する豊富な知見が得られるため，表面分析への展開が積極的に進められてきた[1]．表面感度は低いが，大気下や in-situ での測定が可能であるため，感度を高めるさまざまな方法が開発され，種々のデバイス・材料に対して実用レベルの感度が得られている．

　実際の分析の現場では，各種デバイスや部材の表面微小領域の分析に対するニーズが高い．表面微小部のハジキや汚染や変色・着色，表面の微小異物・欠陥等の分析は，研究開発や生産に関係したトラブル解明のための重要な課題であり波及効果も大きい．図 1.3 に，このような分析に用いられる表面微小部分析の代表的な手法の位置付けを，感度，空間分解能および化学情報能（どれだけ化学構造に関する情報が得られるか）の座標で示した．各手法の特徴を把握することができる．顕微ラマン分光法や顕微 FT-IR は，化学情報能の高いユニークな手法であるが，他の手法に比べるとやや感度が低い[2]．AES は空間分解能が優れているが，感度や化学情報能が低い手法である．図 1.3 から TOF-SIMS がかなりバランスの取れた表面微小部の分析手法であることがわかる．空間分解能がさらに高くなれば理想的な表面微小部の分析手法として期待が持てる．

　本書『表面分析』では，紙面の関係で FT-IR・ラマン分光法，XPS（X 線光電子分光法），SIMS（二次イオン質量分析法）および TOF-SIMS（飛行時間

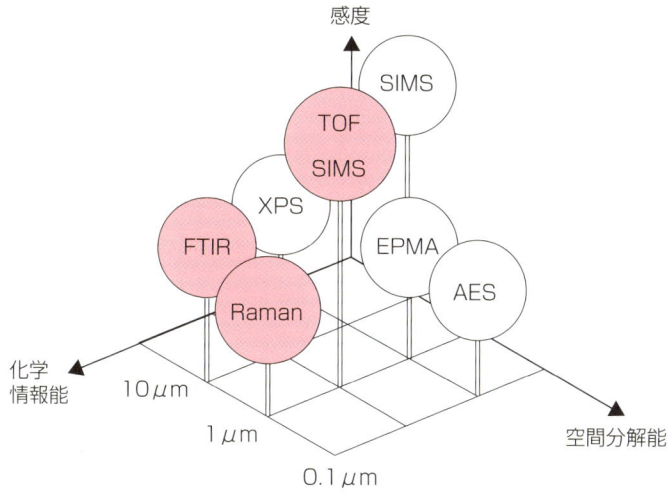

図 1.3 表面微小部分析手法の比較

感度,空間分解能,化学情報能の座標軸で代表的な微小部の分析手法を図示した.TOF-SIMS は魅力的な分析手法であることがわかる.

型二次イオン質量分析法)に手法を絞り,原理と特徴,測定法,実用的な応用例などを中心に解説する.

1.3 深さ方向分析

　1.1節で表面物性と表面厚さの関係について述べたが，種々の表面現象はデバイスや材料の最表面だけでなく，ある一定の表面の深さ（厚さ）が関与している場合が多い．また，表面層が組成的に均一であることは珍しく，特定の成分が表面に偏析している場合，劣化により表面層のみが（一定の深さまで）劣化している場合，表面から内部に向けて組成が連続的に変化している傾斜材料などの場合には，表面層の深さ方向分析が必要になる．表1.2に主な表面分析手法の測定深さについて示したが，表面感度の高いXPSやAESでは測定深さは浅く数nmのレベルである．一方，表面感度の低いラマン分光やFT-IRではATR法（全反射法）などの表面分析の測定手法を用いても，測定深さは数百nmのレベルである．

　表1.3に深さ方向の分析方法を対象深さおよび得られる情報で分類して示した．深さ方向の元素分析については，AES，SIMS，XPS，RBSやEPMAのようにすでに確立された汎用の分析手法があるが，化学構造に関する深さ方向の分析については確立された汎用の分析手法は極めて少ない．浅い深さの領域では，FT-IR-ATR（全反射法）や全反射ラマンを用いた角度変化測定は数少ない深さ方向の分析手法である．深い（厚い）領域では，切片作成による顕微FT-IRや顕微ラマンによる断面分析や研磨法と組合わせた方法が適用できる．従来，XPSによる深さ方向分析はArイオンエッチング法が用いられていたが，高分子・有機系材料ではエッチングによる試料表面のダメージが大きく組成を反映した正確な深さ方向分析は困難であった．最近，試料表面のダメージの極めて少ないC_{60}イオンを用いたエッチング法によるXPSによる深さ方向の分析法が提案され注目されている[3]．実際の応用例はChapter 3（XPS）で紹介する．

表 1.3　深さ方向の分析手法—対象深さと得られる情報—

対象深さ（厚さ）	化学構造情報	元素情報
～10 nm	XPS（C_{60}エッチング） 精密斜め切削法	AES（エッチング） TOF-SIMS, SIMS
～100 nm	XPS（C_{60}エッチング） 精密斜め切削法 全反射ラマン法（角度変化）	AES, SIMS,（XPS） RBS（非破壊）
～1 μm	ATR（角度変化法） 顕微ラマン（斜め研磨法）	SIMS, AES RBS
～10 μm	顕微ラマン（切片分析） 顕微赤外分光（切片分析）	EPMA（断面）線分析
～100 μm	顕微赤外分光（切片分析） ATR（逐次研磨法）	EPMA（断面）線分析

　また，最近著者らのグループでは，精密斜め切削法（Gradient Shaving Preparation Method）による深さ方向分析方法を開発した[4]．この方法は，有機系デバイスや高分子系材料の10～100 nm領域の深さ方向分析に極めて有用な手法である．詳細な応用例は，Chapter 2（FT-IR・ラマン分光法）およびChapter 5（TOF-SIMS）で紹介する．

参考文献

1 ）H. Ishida, A. Ishitani："*Practical Fourier Transform Infrared Spectroscopy*"（J. R. Ferrara, K. Krishnan, eds.）, p-351, Academic Press, Sandiego（1990）．
2 ）石田英之：ぶんせき，374（1987）；化学と工業，**42**, 852（1989）．
3 ）山元隆志，吉川和宏，高橋久美子，中川義嗣：*Polyfile*, **44**, 40（2007）．
4 ）N. Nagai：*Anal. Sci.*, **17**, 671（2001）．

Chapter 2 赤外・ラマン分光法

　赤外分光法とラマン分光法はいずれも分子(格子)振動のような赤外領域に存在するエネルギーの低い振動状態を評価する分析法である．赤外分光法は赤外光を直接試料に照射し，その振動数を同じ赤外域で観測するのに対し，ラマン分光法は散乱という現象を通して赤外域の現象を可視域で観測する振動分光法である．ラマン分光法では主に骨格構造に関する情報が得られるのに対し，赤外分光法は官能基に関する情報が得られる．赤外・ラマン分光法はもともと表面感度の高い分析手法ではなかったが，ハード面の進歩や検出器等の大幅な感度の向上から，現在ではバルク分析としてだけでなく，表面分析法としても広く利用されてきている．本章では赤外分光法とラマン分光法の特徴や装置に関して説明した後，これらの分光法を用いた各種表面分析手法について紹介する．その中から，表面の分析に特に有効な全反射法，高感度反射法，表面電磁波法，表面増強ラマン散乱，共鳴ラマン効果，および前処理方法の一つである精密斜め切削を利用した表面分析事例について紹介する．読者には実際の測定例を見ることにより，赤外分光法とラマン分光法を用いた表面分析の面白さと多少の難しさを体験してもらいたい．

2.1 はじめに

　赤外分光法とラマン分光法はいずれも分子振動や格子振動のような赤外領域に存在するエネルギーの低い振動状態を評価する分析法である．赤外分光法は赤外光を直接試料に照射し，その応答を同じ赤外域で観測するのに対し，ラマン分光法は散乱という現象を通して赤外域の現象を可視域で観測する分光法である[1-2]．このため，ラマン分光法は，

① 水蒸気や水の吸収を気にせず，大気中で測定できる
② 赤外光に比べて波長の短い励起光（可視域レーザーなど）を用いるためサブミクロンオーダーの空間分解能が得られる

といった優れた特徴がある．その反面，ポリマーや有機物のような物質では蛍光による妨害を受ける．一方，赤外分光法は，蛍光による妨害を受けないために，ポリマーや有機物のような物質の構造評価に威力を発揮する．ラマン分光法では共有結合性の振動モードが強く観測されるため主に骨格構造に関する情報が得られるのに対し，赤外分光法ではイオン結合性の振動モードが強く観測されるため官能基に関する情報が得られる．また，群論から対称中心を持つ物質では赤外活性な振動モードとラマン活性な振動モードが赤外スペクトルとラマンスペクトルでおのおの分離されて観測されるのに対し，対称中心のない物質では同じ振動モードが赤外スペクトルとラマンスペクトルで観測される．このような点で，赤外分光法とラマン分光法は相補的な情報を与える分光法として知られている．

　図2.1に赤外分光装置の概略図を示す．分光光度計は，光源，アパーチャー，マイケルソン干渉計，ヘリウムネオンレーザー，試料室，検出器など

Chapter **2** 赤外・ラマン分光法

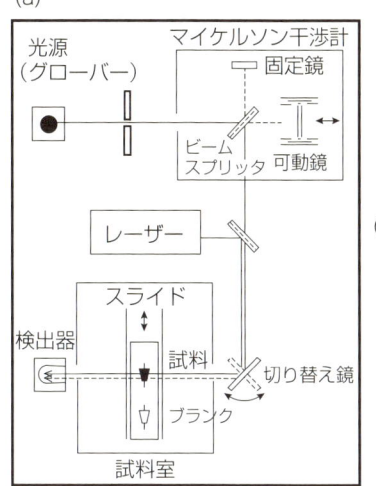
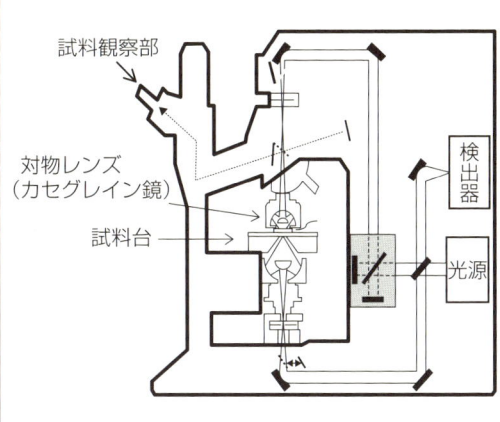

図 2.1 赤外分光装置の概略図

(a) 赤外分光光度計, (b) 赤外顕微鏡.

から構成されており, フーリエ変換やスペクトル計算などを行なうコンピュータなどが付属されている. 光源はセラミックスを使用したものが多く, 水冷を必要とするものが多い. 検出器は, 焦電効果を利用した検出器と半導体検出器に大別される. 焦電検出器としては, 硫酸グリシン (Triglycine Sulfate, TGS) や重水素硫酸三グリシン (Deuterated Triglycine Sulfate, DTGS) などが用いられる. 半導体検出器としては, 通常, 水銀, カドミウム, テルルの3種類の元素を含む半導体 (Mercury Cadmium Tellurium, $Hg_{1-x}Cd_xTe$, MCT) 検出器が用いられる. MCT検出器では, 半導体のバンドギャップによる光吸収を利用している. MCTはバンドギャップエネルギーが小さいので熱によるキャリアの励起効果が大きいため, 液体窒素などの冷媒で冷却して用いられる. また, 集光系に, 反射型対物レンズとしてカセグレイン鏡を用いた赤外顕微鏡を用いると, 約10 μmの高い空間分解能で赤外スペクトルの測定が可能になる.

ラマン分光装置の代表的な光学系の概略図を図2.2に示す. ラマン分光法では, 通常, 可視レーザー光を集光して試料に照射する. 試料から出てくるラマン散乱光をカメラレンズで集光し, 分光器を用いて分光している. ラマン散乱

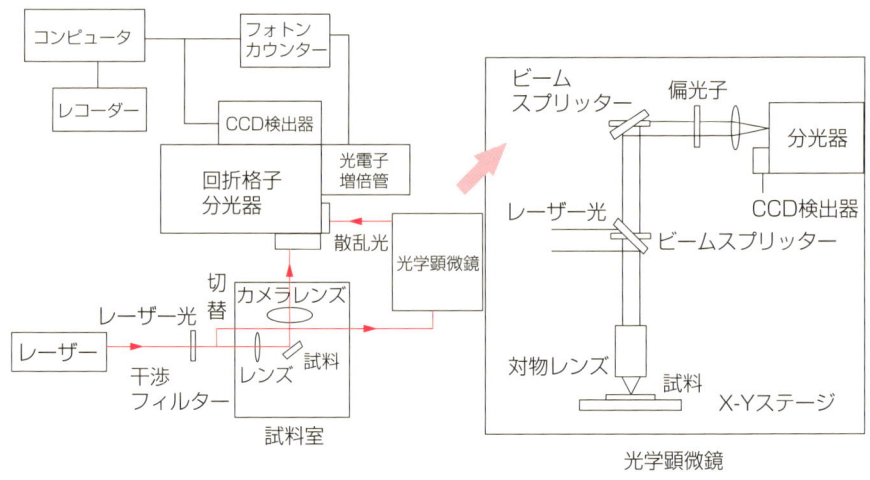

| 図 2.2 | ラマン分光装置の代表的な光学系の概略図 |

光は微弱なため，高感度の CCD（Charge Coupled Device, CCD）検出器を用いて検出する仕組みとなっている．顕微鏡とラマン分光器とを組合わせた顕微ラマン分光装置を用いると，1 μm 程度の微小領域の構造を非破壊で調べることができる．ラマン散乱光の検出には波数精度の向上と測定時間短縮の要求から，CCD 検出器を使用している．この顕微ラマン分光装置には 0.05 μm ステップで駆動できる高精度 X-Y ステージが装備されており，微小ステップでの応力の線分析や面分析を行なうことができる．

赤外分光法とラマン分光法の比較を表 2.1 に示す．赤外・ラマン分光法はもともと表面感度の高い分析手法ではなかったが，ハード面の進歩や CCD 検出

| 表 2.1 | 赤外分光法とラマン分光法の比較 |

手法	特徴	空間分解能 （顕微分光法）	問題点	主な測定対象
赤外	官能基，側鎖 汎用性 多様な測定モード	10 μm	水蒸気による吸収 スペクトルの歪み	有機物一般 配向・組成・同定
ラマン	骨格振動 選択性，断面測定	0.5 μm	蛍光による妨害 標準データの不足	半導体・無機系化合物 配向・組成・結晶性

器の大幅な感度の向上から，現在ではバルク分析としてだけでなく，表面分析法としても広く利用されてきている．表2.2に赤外・ラマン分光法を用いた代表的な表面分析手法をまとめて示した．表2.2の中から，表面の分析に特に有効な全反射法，高感度反射法，拡散反射法，表面電磁波法，全反射ラマン分光法，表面増強ラマン散乱，共鳴ラマン効果について紹介する．

表2.2 赤外分光法およびラマン分光法を用いた各種表面分析手法

分析手法	方法	表面分解能	試料形態
FT-IR	全反射法（ATR）	≧数 nm	平面（高屈折プリズム必要）
	高感度反射法（RAS）	数 nm〜数10 nm	平面（金属等高反射率基板）
	拡散反射法（DRIFTS）	数 nm	粉体
	光音響分光法（PAS）	〜数 μm	形状に制限なし
	表面電磁波法（SEIRA）	〜数 nm	平面（Ag, Au, Cu 等の蒸着）
ラマン	全反射法（ATR）	≧50 nm	平面（高屈折プリズム必要）
	鏡面反射法	≧5 nm	平面（金属等高反射率基板）
	表面増強ラマン散乱（SERS）	≧5 nm	平面（Ag, Au 等の蒸着）
	共鳴ラマン効果	≧5 nm	形状に制限なし

ATR : Attenuated Total Reflection
RAS : Reflection Absorption Spectroscopy
DRIFTS : Diffuse Reflectance Infrared Fourier Transform Spectroscopy
PAS : Photoacoustic Spectroscopy
SEIRA : Surface Enhanced Infrared Absorption
SERS : Surface Enhanced Raman Scattering

# CCD検出器の開発はラマン分光法にとっての産業革命？

　著者の大学時代，ラマン散乱光の検出には光電子増倍管が用いられていた．そのために，分光器のスリット上に入射されたラマン散乱光を回折格子を回転させながら，1波長ごとに光電子増倍管で検出していた．ラマン分光法と言えば，時間のかかる測定法で有名であり，徹夜測定が当たり前のような時代であった．その後，1次元検出器であるCCD（Charge Coupled Device, CCD）検出器が開発された．CCD検出器は1次元のアレイ検出器であるため分光器の回折格子で分光されたラマン散乱光を一度に検出でき，測定試料のラマンスペクトルをリアルタイムに表示することができるようになった．最近では，2次元のCCD検出器が開発されたために，入射レーザー光を線上に照射し，レーザー光の照射方向と垂直な方向に分光することにより，高速での2次元ラマンイメージング測定が可能になっている．

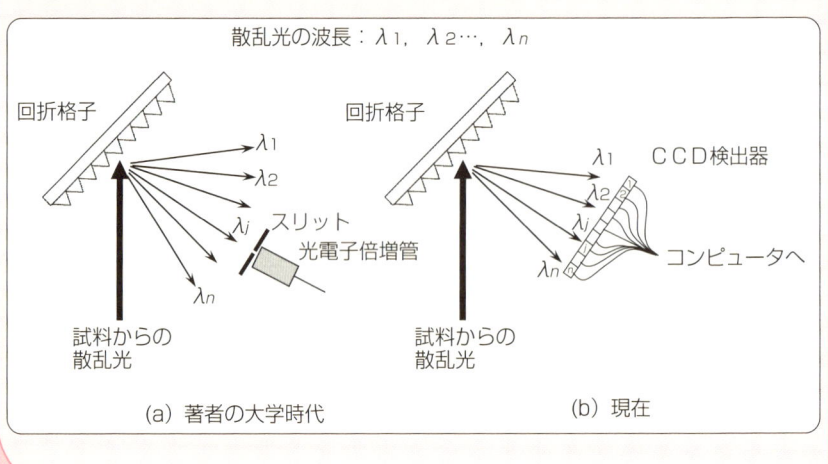

2.2 赤外分光法を用いた表面分析方法の原理と特徴

2.2.1
全反射赤外吸収法（ATR）の原理と応用例

　光が媒質Ⅰ（屈折率n_1）から媒質Ⅱ（屈折率n_2）に入射する場合を考える．$n_1 < n_2$のとき，光はスネルの法則に従って媒質Ⅱ中を透過する．しかし，$n_1 > n_2$では入射角θがある臨界角θ_Cより大きい場合には，媒質Ⅰから媒質Ⅱへ透過する光はなく，入射光のエネルギーがすべて反射されるという全反射（Attenuated Total Reflection, ATR）現象が生じる．入射光のすべてが反射されるからといって媒質Ⅱに電磁波が存在しないというわけではなく，界面からの距離とともに強度が指数関数的に減衰する表面電磁波（エバネッセント波）が浸み出すことが知られている．この表面電磁波を利用して表層部の赤外スペクトルを測定するのがATR法である．ATR法を用いると，試料表面の化学構造や結晶性・配向状態の評価だけでなく，薄膜の配向などに関する知見を得ることも可能である[3]．

　プリズムの屈折率をn_pとし，薄膜（屈折率n_s）を測定する場合を考えると，全反射臨界角θ_Cは（2.1）式で与えられる．

$$\theta_C = \sin^{-1}\left(\frac{n_s}{n_p}\right) \tag{2.1}$$

　また，エバネッセント波の浸み出しの深さ（Penetration Depth）dは（2.2）式で与えられる．

$$d = \lambda(2\pi n_p)^{-1}\left(\sin^2\theta - \left(\frac{n_s}{n_p}\right)^2\right)^{-\frac{1}{2}} \tag{2.2}$$

　ここで，λは赤外光の波長を表わしている．（2.2）式から，浸み出しの深さdは，プリズムおよび薄膜の屈折率，赤外光の波長，入射角に依存する．臨界角

に近い入射角で，p偏光の光を入射させると，表面電場強度は，約 $4(n_p/n_s)^2$ 倍増大するため，より高感度で表面のスペクトルが測定できる．通常の測定条件での測定深さは，0.3 μm 程度である．

ATR 法の代表的な適用例として，ガラス基板上に展開したアラキジン酸カドミウム LB（Langmuir-Blodgett）膜の測定例を図 2.3 と図 2.4 に示す．ガラス基板を板状の ATR プリズム（KRS）に圧着して測定を行なっている（図 2.3）．ガラス基板による強い吸収のために，1200 cm^{-1} 以下の波数領域では LB 膜による吸収帯の検出は難しい．9 分子層の LB 膜について，基板との差 ATR スペクトルを図 2.4 に示した．2800〜2900 cm^{-1} 付近と 1475 cm^{-1} 付近に C－H 伸縮振動と変角振動が，1540 cm^{-1}（COO$^-$逆対称）と 1430 cm^{-1}（COO$^-$対称）付近に COO 塩に特徴的な吸収帯が観測される．COO$^-$の対称および逆対称伸縮振動ともに，層数と強度の間に良好な直線関係が得られており，ATR 法の表面薄膜測定において定量性があることが確認されている．また，偏光測定の結果，LB 膜が分子鎖に垂直に配向していることがわかった[4]．

表面反応の ATR 法による解析例として，ウレタン系感光性樹脂の光反応の測定例を図 2.5 に示す．通常の ATR スペクトルでは，光照射前後でほとんど差がなく，ウレタン系樹脂の吸収スペクトルが観測されるだけであるが，照射前後の差スペクトルを取ることで，構造変化を明確に調べることができる．図 2.5 の差スペクトルではウレタンの吸収スペクトルを消去するように差スペク

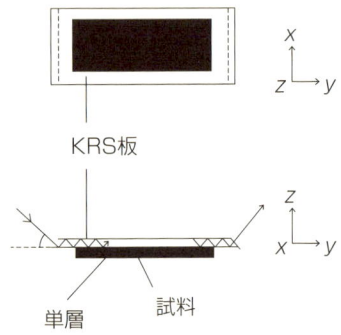

図 2.3 ガラス基板上の LB 膜測定法

【出典】T. Ohnishi *et al.* : *J. Phys. Chem.*, **82**, 1989（1978）.

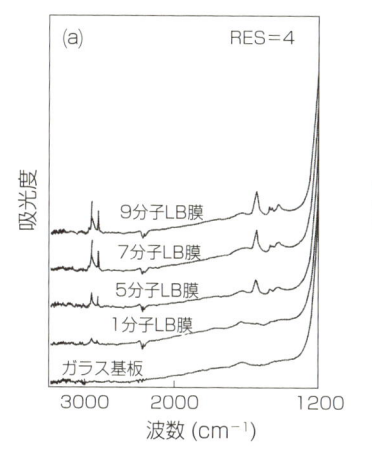

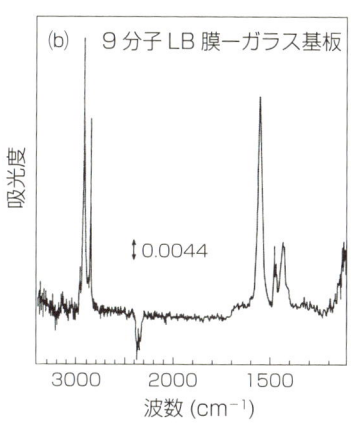

Chapter **2** 赤外・ラマン分光法

| 図 2.4 | (a) 種々の層数の LB 膜の ATR スペクトル，(b) 9 分子 LB 膜の差 ATR スペクトル |

【出典】T. Ohnishi et al.: J. Phys. Chem., **82**, 1989 (1978).

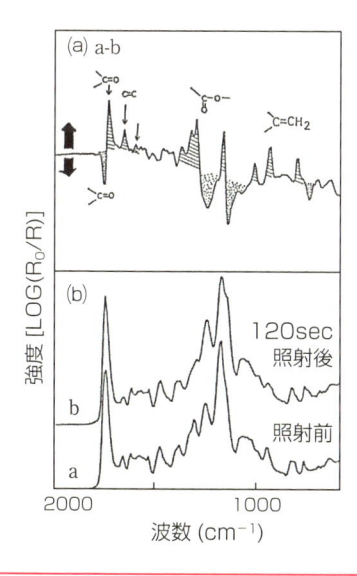

| 図 2.5 | ウレタン系感光性樹脂の光反応の測定例 |

(a)：差 ATR スペクトル（a-b），(b)：照射前 a と照射後 b の ATR スペクトル．
【出典】T. Ohnishi et al.: J. Phys. Chem., **82**, 1989 (1978).

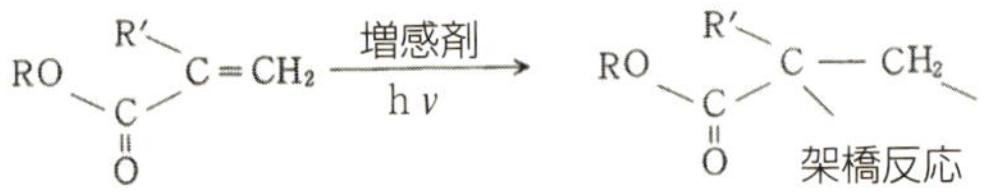

図2.6 光反応性モノマーの光重合反応のモデル図

【出典】T. Ohnishi et al.: *J. Phys. Chem.*, **82**, 1989 (1978).

トルを求めた．上向きの吸収帯が光照射により減少した官能基（化学種）に対応し，下向きの吸収帯が光照射により生成した官能基に対応する．光照射によって引き起された主反応は，図2.6に示すような光反応性モノマーの光重合反応（二重結合の架橋反応）によるものと考えられる．すなわち，二重結合の減少とそれに起因するエステル基の吸収帯のシフトが明確に観測されている．

この例のように，ATRスペクトルの差スペクトルを取得することで，わずかな構造変化を詳細に調べることが可能である．また，ATRスペクトルの照射時間依存性などの解析から，表面層における光重合反応の速度的な解析も可能である．

2.2.2
高感度反射法（RAS）の応用例

高感度反射法（Reflection Absorption Spectroscopy, RAS）は反射率の高い金属上の極薄膜のスペクトルを高感度で測定する方法である．図2.7のようにp偏光の光を金属表面に入射させると，入射光と反射光との干渉により，基板に垂直な電場成分だけが強めあった定在波が形成される．今，d（≪λ）を薄膜の膜厚，λは光の波長，n_1は入射光が入射する吸収のない媒質の屈折率（空気など），n_2とk_2を薄膜を構成する物質の屈折率と減衰係数とすると，入射角$\varPhi$での金属上薄膜の反射率の相対変化は，(2.3)式で表わされる[1]．

$$\left(\frac{\varDelta R}{R_0}\right)_{/\!/} = -16\pi n_2 k_2 d \frac{n_1^3 \sin^2\varPhi}{(n_2^2+k_2^2)^2 \lambda\cos\varPhi} \tag{2.3}$$

ここで，$\varDelta R$：薄膜の存在による反射率の変化量，R_0：薄膜の存在しないときの反射率，$\varPhi$：光の入射角である．(2.3)式でk_2^2がn_2^2に比べて無視できる場合は，

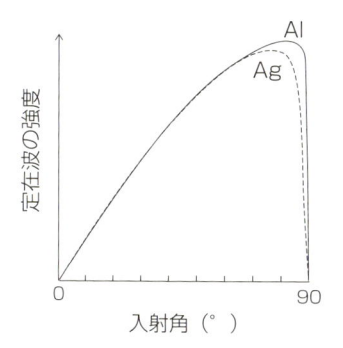

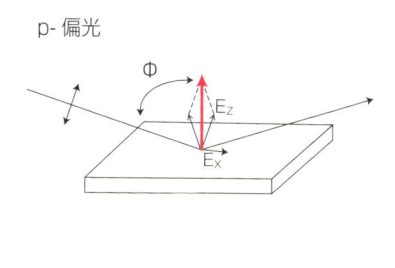

図2.7　RAS測定の光学配置

Ex：基板面内の電場成分，Ez：基板面に垂直な電場成分.
【出典】田隅三生：『FT-IRの基礎と実際』東京化学同人（1994）.

$$\left(\frac{\Delta R}{R_0}\right)_{//} = -4\,\alpha d\,\frac{n_1^3 \sin^2\Phi}{n_2^3 \cos\Phi} \tag{2.4}$$

ここで，$\alpha = 4\pi k_2/\lambda$ は吸収係数であるから，高感度反射スペクトル $(\Delta R/R_0)_{//}$ は吸収係数に比例する．(2.4) 式から，反射率の高い金属基板上の薄膜の高感度反射スペクトルを測定すると反射率の低い基板上の場合に比べ，$4 n_1^3 \sin^2\Phi / (n_2^3 \cos\Phi)$ 倍程度の感度の向上が期待できる．

図2.8にアラキジン酸カドミウムLB単分子膜のRASスペクトルを示す[5]．RASスペクトルでは基板に垂直な電場成分が強くなることから，薄膜の配向状態を評価するのにも非常に有効な手法である．図2.8を見るとわかるようにカルボキシル基に帰属される全対称振動モード（分子軸に平行）が強く，CH_2 基の伸縮振動（分子軸に垂直）が弱く観測されていることから，アラキジン酸カドミウムは基板にほぼ垂直に分子鎖が配向していることがわかる．

2.2.3
表面電磁波を利用する高感度赤外分光法の応用例

Hartsteinら[6]は1980年にAgやAu，Cuの島状蒸着膜上に吸着した分子の赤外吸収スペクトルをATR配置で測定すると，$10^1 \sim 10^3$ 倍程度の感度の増大が得られる現象を初めて発見した．この現象はSurface Enhanced Infrared Absorption (SEIRA) として知られているが，この発見以来，赤外領域でも

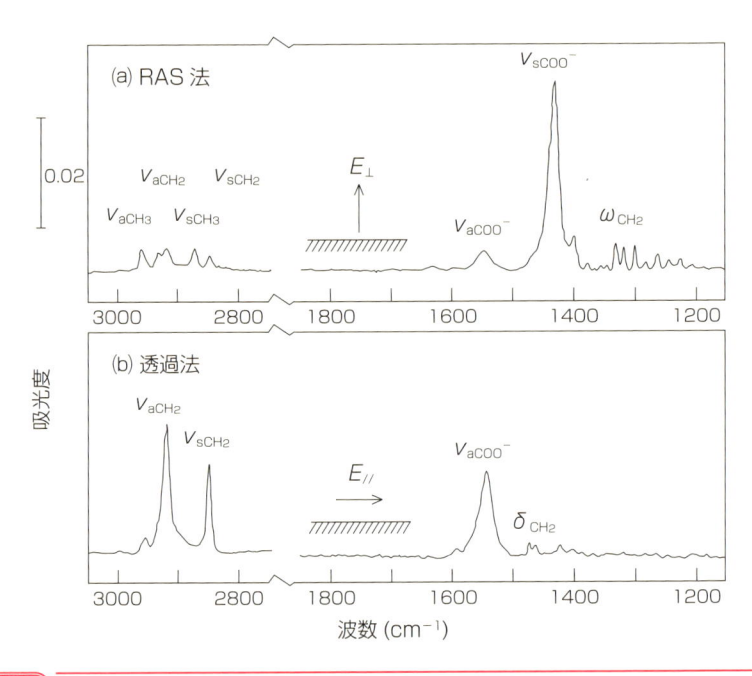

図 2.8 アラキジン酸カドミウム LB 単分子膜の RAS スペクトル

(a) RAS 法，(b) 透過法．
s：対称伸縮振動モード，a：逆対称伸縮モード．
【出典】J.Umemura *et al.*：*J. Phys. Chem.*, **94**, 62（1990）．

Ag や Au などの金属表面に局在するプラズモンの強い電場を利用し，感度の増大を利用する分光に関する研究が盛んに行なわれてきた．Hatta らのグループ[7]は ATR 配置を利用して金属表面に局在するプラズモンを励起するという方法で感度の増大を得ている．Nishikawa ら[8]は Ge 基板上に 3 nm～10 nm の Ag を蒸着し，その上に有機膜を作製した試料の赤外透過スペクトルを測定し，ATR 配置と同様な感度の増大を見い出している．図 2.9 に p-ニトロ安息香酸（p-Nitrobenzoic Acid, PNBA）の測定例を示す．図 2.9 から，銀の島状蒸着膜上に作製された PNBA 薄膜では分子軸方向に遷移モーメントを有する 1380 cm^{-1} 付近と 1350 cm^{-1} 付近の $-COO^-$ 基や $-NO_2$ 基の対称伸縮振動による吸収帯の強度が著しく増大することがわかる．彼らは銀蒸着前後で約 200 倍の感度の増大を報告している．

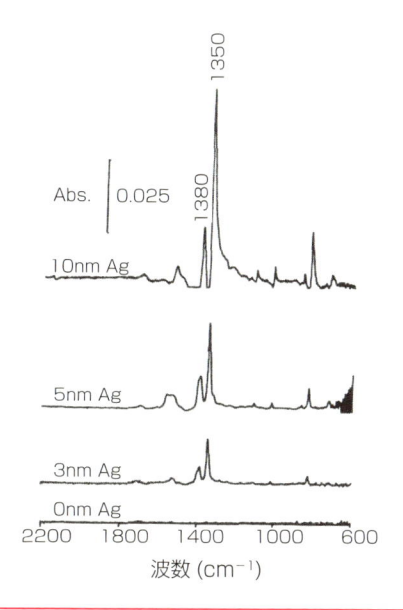

図 2.9 銀の島状蒸着膜上に作製された PNBA 薄膜の赤外スペクトル

【出典】Y. Nishikawa et al.: Appl. Spectrosc., **44**, 691（1990）.

2.2.4

拡散反射法（Diffuse Reflectance Infrared Transform Spectroscopy, DRIFTS）の応用例

　拡散反射法には粉体試料の赤外スペクトルを容易かつ感度よく測定できるという特徴がある．粉体試料は一般にはKBr錠剤法で測定されることが多いが，それに比べ拡散反射法は試料の前処理が比較的簡単なことから，KBr錠剤法の代わりに用いられることも多くなってきている．拡散反射法は粉体や粗面をもつ試料（紙，ガラス繊維など）のバルク分析だけでなく，粉体に吸着した物質の確認や構造評価に有効である．また，加熱測定が可能な拡散反射セルも市販されており，排ガス・触媒などの吸着・脱離機構解明のために in situ 測定も盛んになってきている[1]．

　シリカは触媒として頻繁に使用される物質である．触媒表面に吸着した化学種の吸着状態，すなわち，触媒の活性点との結合も含めた吸着種の化学構造，さらに吸着種の反応や脱着など，触媒反応の赤外スペクトル法による研究はす

でに1950年代に数多く報告されている．これらの報告はおもに粉末の透過法によるものであるが，現在では真空加熱セル（High Vacuum Cell, HVC）を用いた拡散反射装置による研究例が多くなってきている．

粉体試料に光を照射すると，試料面から広い立体角にわたって放射される反射光が観測される．粉体に照射された光の一部は粒子表面で反射されるが，粉体粒子はあらゆる方向を向いているので，反射光もいろいろな方向を向く．残りの光は粒子内部に屈折しながら侵入し，試料内部で屈折透過，光散乱，表面反射を繰返し拡散されてゆく．この拡散光の一部がふたたび試料面から空気中に放射されることになる．

拡散反射光は粉体試料内での光拡散過程で粉体の内部を何回も繰返し通過するので，吸収バンドのある粉体試料では，その吸収波数位置で吸収が起こる．その結果，拡散反射スペクトルは透過スペクトルと類似したものになる．一般に，拡散反射スペクトルの強度は，Kubelka-Munk（K-M）によって解析的に導かれた式が用いられる[9]．

図2.10に，代表的な拡散反射測定装置の光学系を示す．M_3によって赤外光が試料に照射され，M_4によって集められた拡散反射光がM_5，M_6を経て検出器に集められる．試料皿として，直径10～20 mmϕ，深さ2～3 mmが標準的に用いられる．

試料量が少ない場合には，試料皿にKBr粉末を詰め，上部に少量のKBr粉

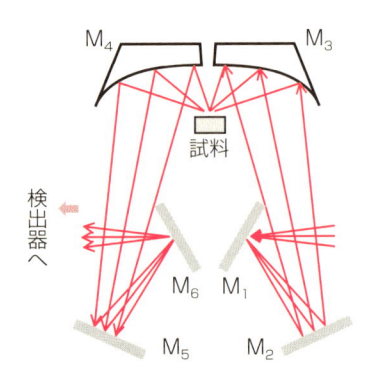

図2.10 代表的な拡散反射測定装置の光学系

【出典】錦田晃一，西尾悦雄：『チャートで見るFT-IR』p.83，講談社（1990）．

末と混合した試料をのせて測定すると感度良く測定できる[1].

通常,拡散反射光は粉末からの反射光と透過光を含む.強い吸収を持つ無機化合物（TiO_2,Fe_2O_3,SiO_2など）の拡散反射スペクトルには,反射スペクトル成分による歪みが存在することに注意すべきである[9].拡散反射スペクトルの形状を支配する因子として,

① 粒子の大きさ
② 試料の濃度
③ 拡散反射装置の光学配置

があげられる.粒子の大きさが拡散反射スペクトルに与える影響を調べるために,シリカゲルを例に取って,拡散反射スペクトルに粒子の大きさが与える影響について紹介する.

図2.11(a),(b),(c)は,それぞれ(a)60メッシュ,(b)120メッシュ,(c)

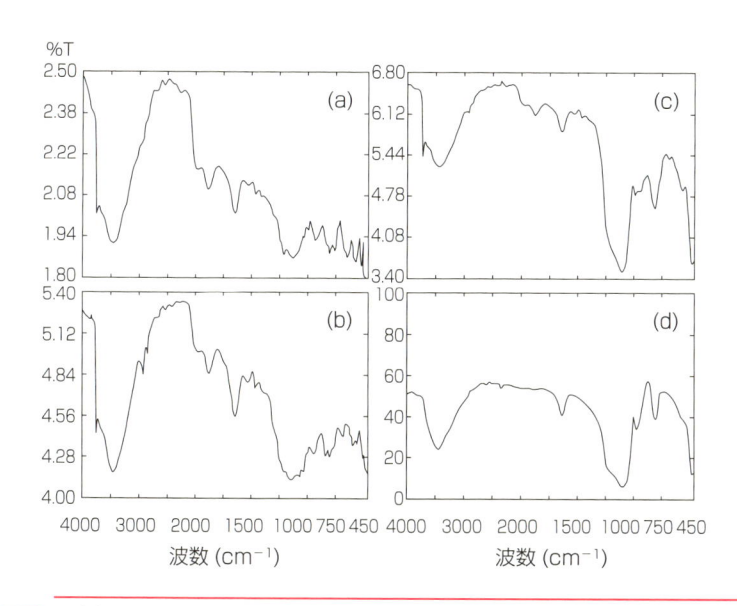

図2.11 (a) 60メッシュ,(b) 120メッシュ,(c) 230メッシュのシリカゲルの拡散反射スペクトル,(d) シリカゲルの透過スペクトル(KBrで0.5%に希釈)

【出典】錦田晃一,西尾悦雄：『チャートで見るFT-IR』p.83,講談社（1990）.

230メッシュのシリカゲルの拡散反射スペクトルを示す．試料はすべてKBrに重量比で0.5%に希釈してある．シリカゲルの透過スペクトル図2.11(d)とその特徴が一致するのは粒径の最も小さい場合である．このようにS/N比の高い，吸収スペクトルとの一致のよい拡散反射スペクトルを得るには，試料をできるかぎり微粒子に粉砕する必要があることがわかる．

次に，拡散反射スペクトルの試料の濃度依存性を紹介する．反射スペクトル成分を小さくするには，赤外吸収のない白色標準物質に希釈する必要がある．230メッシュのシリカゲルをKBr粉末で(a)未希釈の粉末，(b)10%（重量比）に希釈，(c)1%（重量比）に希釈した試料を用意する．未希釈の場合は4000～3000 cm^{-1}のOHの吸収ピークに異常はみられないが，1500～1250 cm^{-1}にかけて反射成分に特有なピークが現われる．10%に希釈すると反射スペクトルによる歪みが消える．さらに1%まで希釈すると，1250～1000 cm^{-1}の領域における1100 cm^{-1}付近の強度と1200 cm^{-1}付近の強度の大小関係がより吸収スペクトルに近づく．希釈しすぎるとS/N比が低下するので，十分に希釈した場合は積算回数を多くする必要がある．

次に拡散反射スペクトルの時間変化の例を紹介する．図2.12(a)はゼオライト触媒にNH$_3$を吸着させた場合，図2.12(b)は，その後，NO$_x$を流通させた

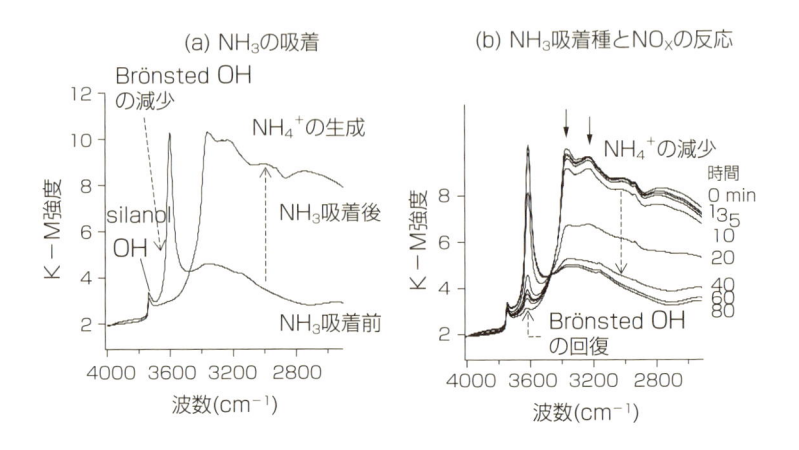

図2.12 (a) ゼオライト触媒にNH$_3$を吸着させた場合，(b) その後，NO$_x$を流通させた場合の拡散反射スペクトルの時間変化

【出典】国須正洋，熊沢亮一，安田光伸：*THE TRC NEWS*, **102**, 33（2008）．

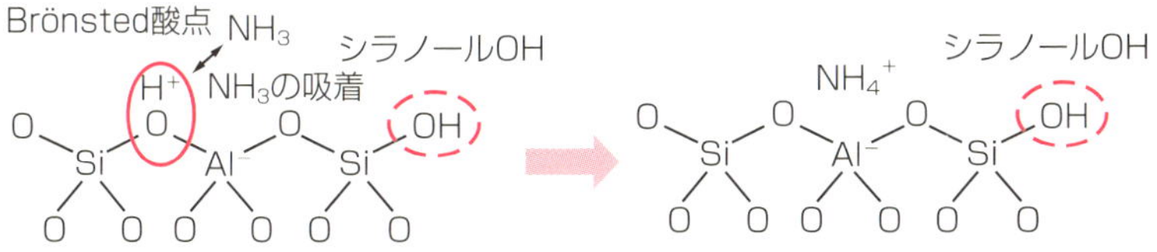

図 2.13 ゼオライト上の酸点と NH₃ の吸着モデル図
【出典】国須正洋, 熊沢亮一, 安田光伸：*THE TRC NEWS*, **102**, 33（2008）.

場合の拡散反射スペクトルの時間変化を示す．図 2.12(a) を見ると，ゼオライト触媒上の NH₃ 吸着量が増えるとともに，NH₄⁺（吸着種）による吸収ピークの強度が強くなり，逆に，ブレンステッド（Brönsted）酸点による吸収ピークが減少することがわかる．図 2.13 に反応のモデル図を示す．

一方，NO$_x$ を流すと，NH₄⁺ による吸収ピークの強度が減少するとともに，Brönsted 酸点による吸収ピークの強度が増加し，もとの状態に近づくことがわかる．図 2.12(b) で注目すべき点は，矢印↓で示す，NH₄⁺ に由来する 2 本の吸収ピークで，それらの強度の減衰の仕方が異なる点である．これは，少なくともゼオライト触媒上では，NH₃ の吸着サイトが 2 種類あることを示している．この測定例は，吸着 NH₃ と NO$_x$ との反応によって，有害な NO$_x$ が NH₃ によって N₂ に還元されていることを表わしている．加熱発生ガス分析（Temperature Program Desorption-Mass Spectrometry, TPD-MS）測定でも NO$_x$ の減少と N₂ の生成が観測され，NH₃ により NO$_x$ が還元される現象が確認されている．このように，拡散反射法は触媒などの吸着や脱着などの触媒反応を *in situ* で調べるのに非常に有効な方法であると考えられる[10]．

2.2.5
傾斜エッチング法および精密斜め切削法を用いた表面深さ方向分析

これまでは薄膜や界面の構造を非破壊で分析できる手法を中心に紹介してきた．化学エッチング，研磨や切削などの前処理技術と顕微分光法とを組み合わせることによって深さ方向の構造変化に関する知見を得ることができる．この節では特に傾斜エッチング法や精密斜め切削法などの前処理法と顕微赤外分光法とを組み合わせた分析例を紹介する．特に多層膜界面での相互作用などを議

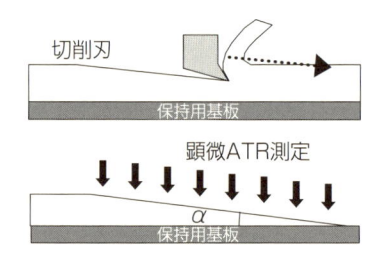

図 2.14 精密斜め切削法の模式図

論する場合に威力を発揮する方法である．

傾斜エッチングや精密斜め切削（図 2.14）を行なうと斜面の長さが傾斜角（a）に応じて $(\sin a)^{-1}$ 倍だけ拡大されることになり，深さ分解能が大幅に向上する．

厚み 2 μm のゲート酸化膜を希フッ酸（0.5％）からゆっくりと引き上げながら，ケミカルエッチングした測定例を図 2.15 と図 2.16 に示す．ゲート酸化

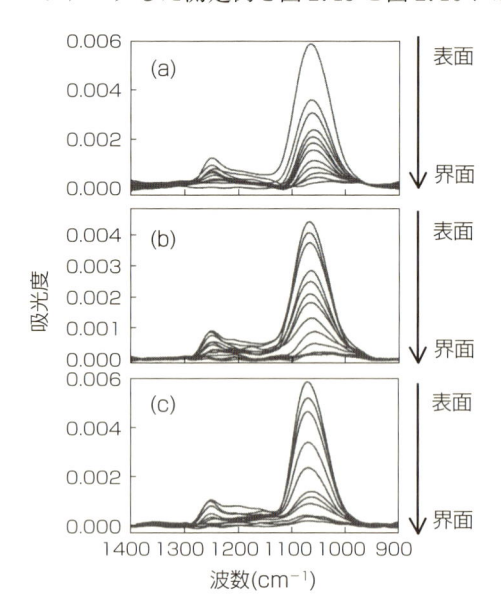

図 2.15 傾斜エッチング法で得られた種々の酸化膜の赤外スペクトルの深さ方向依存性

(a) RTO 膜，(b) ISSG（33％）膜，(c) ISSG（5％）膜．

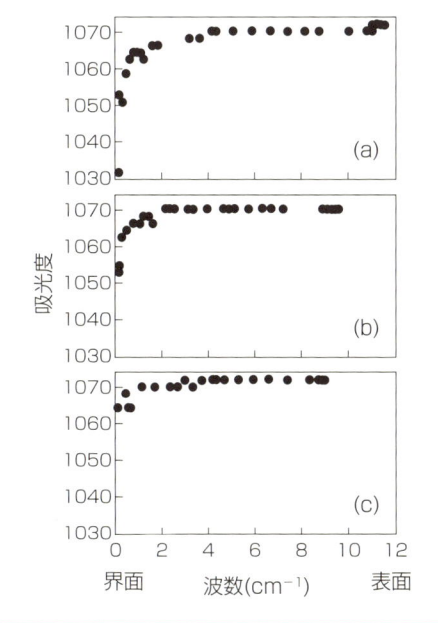

図 2.16　TO フォノンの吸収ピーク波数の深さ方向依存性

(a) RTO 膜，(b) ISSG (33%) 膜，(c) ISSG (5%) 膜．
【出典】N. Nagai, K. Terada, Y. Muraji, H. Hashimoto, T. Maeda, E. Tahara, N. Tokai, A. Hatta：J. Appl. Phys., **91**, 4747（2002）.

膜は微細化とともに極薄膜化が進行し，nm オーダーの深さ分解能による膜中の欠陥分布評価が要求されている．酸化膜を傾斜エッチングすると傾斜角約 0.5°の傾斜面が得られ，顕微赤外分光法と組み合わせることによって nm オーダーの深さ分解能で基板界面付近の欠陥評価を行なうことができる．図 2.15 は傾斜エッチング法で作製した種々の酸化膜(a)RTO（Rapid Thermal Oxidation），(b)水素濃度 33% ISSG（In Situ Steam Generation）膜，(c)水素濃度 5% ISSG 膜の赤外スペクトルの深さ方向依存性である．図 2.16 は図 2.15 で 1070 cm^{-1} 付近に観測される縦波光学フォノン（Transverse Optical Phonon，TO フォノン）のピーク波数の深さ方向依存性である[11]．

図 2.16 から，TO フォノンのピーク波数の低波数シフトが RTO 膜で最も大きいことがわかる．基板との界面付近における TO フォノンのピーク波数は非架橋酸素などの欠陥に敏感なモードであることから，RTO 膜は界面付近で Si-

○ ネットワーク構造の乱れが最も大きい（急峻性の悪い）膜であることがわかる．

ポリイミド樹脂は，高耐熱性ポリマーとして実装基板などの電子部品用途に幅広く用いられる材料である．ポリイミド樹脂はほとんどの薬品に対して耐性のある材料であるが，強酸・強アルカリ条件下では加水分解による構造変化を生じることが知られている．精密斜め切削法でアルカリ表面処理したポリイミドフィルム（厚さ5 μm）を斜めに切り出した切削断面の高さプロファイルを図2.17に示す．傾斜角0.5°のきれいな断面が得られていることがわかる．図2.18には顕微赤外分光法のマイクロATR法で切削面のライン分析を行なったスペクトルの変化を示す[12]．表面付近ではイミド環由来の吸収バンド強度が低下しており，加水分解によってイミド環構造が開環しているものと推定される．ベンゼン環C=C伸縮振動やCNC伸縮振動の強度も低下していることから，アルカリ処理にともなうポリイミドの構造変化が示唆される．アルカリ処理時間の異なる試料の測定結果から，アルカリ処理時間の増加とともにアルカリ処理にともなう構造変化（イミド環構造の開環）がより内部まで浸透していることが確認された．

自動車には，多くの部品に樹脂（高分子）材料が活用されている．これらの部品は，長期にわたって太陽光や風雨をはじめとした厳しい環境下で使用され

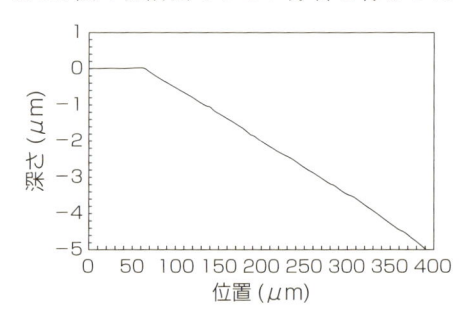

図 2.17 斜め切削したポリイミドフィルムの断面プロファイル

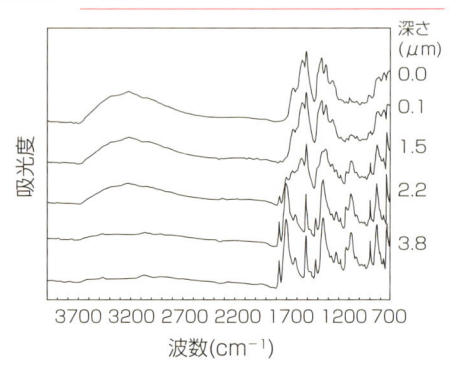

図 2.18 アルカリ表面処理したポリイミドフィルムの赤外ATRスペクトルの深さ方向依存性

【出典】H. Okumura *et al.*：*J. Polymer Science*, **41**, 2071（2003）．

るため，性能低下（劣化）が生じる可能性が高い．したがって，各部品の耐候性，構造変化の有無・度合いの把握が重要となる．ここでは，自動車用樹脂部品に対して耐候性試験を行ない，どのような劣化が深さ方向で生じているかを調べた例を紹介する．

測定試料としては，エチレン／プロピレン共重合体とタルク（数種の酸化防止剤含有）から構成されている 200 μm 幅×400 μm 厚さのバンパーを用いた．耐候性試験の条件（JIS D 0205 WAN-H 準拠）を以下に示す．

装置　　　：サンシャインウェザーメーター
放射照度　：255 W/m^2
温度　　　：83℃
水噴付周期：60 分間照射中に 12 分
試験時間　：400 時間

ミクロトームで，200 μm×400 μm×20 μm に切り出した耐候性試験前後のバンパー断面の深さが 10 μm の位置での赤外 ATR スペクトルを図 2.19 に示す[13]．また，図 2.20(a)には，1730 cm^{-1} 付近に観測されるエステル結合の吸収バンドを 1458 cm^{-1} に観測される吸収バンドで規格化した相対強度を用いた断面の赤外 ATR イメージング像を，図 2.20(b)には 3675 cm^{-1} に観測されるタルク由来の OH 基の吸収バンドを用いた断面の赤外 ATR イメージング像を示す．

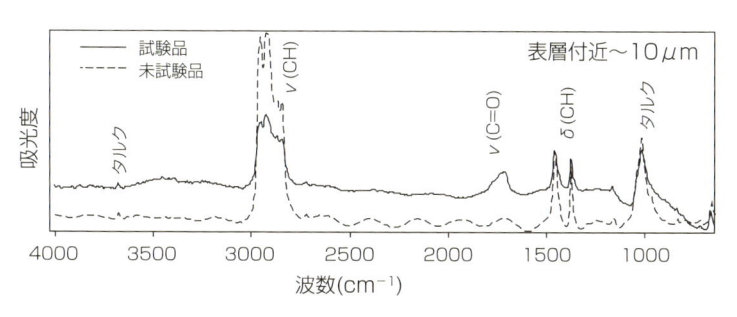

図 2.19　バンパー切削断面の深さ 10 μm の位置での赤外 ATR スペクトル

【出典】H. Takahashi et al.: *THE TRC NEWS*, **108**, 19（2009）．

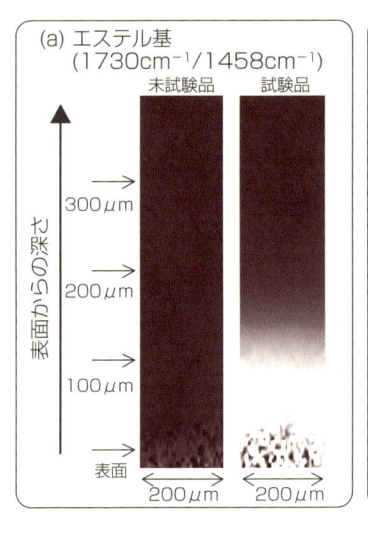

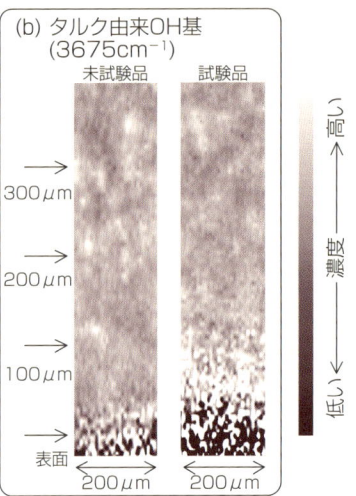

図 2.20 バンパー断面の赤外 ATR イメージング像
(a) エステル結合の強度分布，(b) タルク由来の OH 基の強度分布．
【出典】H.Takahashi et al.: THE TRC NEWS, **108**, 19 (2009).

図 2.20(a)から，試験品では，表面から約 100 μm の領域でエステルが多く検出されていることがわかる．表面からサンプリングしてゲル浸透クロマトグラフィ（Gel Permeation Chromatography, GPC）測定した結果では，エチレン／プロピレン共重合体の表面層で分子量が大きく低下していることがわかった．図 2.20(b)の結果から，表面におけるポリマーの酸化劣化に伴って，試験品では表面近傍でタルク濃度が減少し，約 100 μm 付近で濃度が増加しており，深さ約 100 μm 付近でタルクの偏析が生じていることがわかった．TOF-SIMS（Time-of-Flight Secondary Ion Mass Spectrometry；Chapter 5 参照）や固体 NMR（Nuclear Magnetic Resonance）の測定結果でも，ポリマーの分子鎖切断や酸化を裏付けるデータが得られている．

ポリイミドフィルムと自動車バンパーの例で示したように，精密斜め切削法や断面における赤外 ATR イメージング測定法は，高分子材料の深さ方向における構造変化を調べる有効な分析法である．

Chapter 2　赤外・ラマン分光法

2.3 ラマン分光法を用いた表面分析方法の原理と特徴

2.3.1
全反射ラマン法（ATR）の応用例

全反射（Attenuated Total Reflection, ATR）現象は，ラマン分光法でも利用されている．ラマン分光法は観測領域が可視領域であるため，赤外分光法よりも約1桁測定深さが浅く，約50 nm程度である．著者らが新しく開発した全反射ラマン測定用の光学系を図2.21に示す[14]．

この光学系の特徴として次の点が挙げられる．

① 照射系に光ファイバーを用いて軽量化したため，光軸がずれにくい．入射角の角度精度は±0.1°である．
② 入射光のビーム径は200 μm程度である．

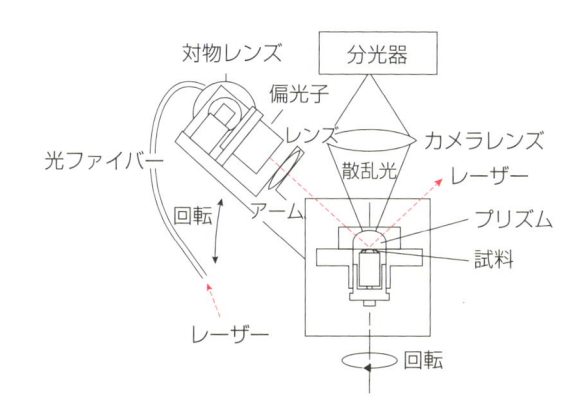

図2.21　全反射ラマン測定用の光学系

【出典】前川めぐみ他：分析化学, **40**, T 203（1991）.

③　プリズムを半球状に選んであるため試料が回転でき，試料面内の分子配向や屈折率の異方性などが容易に決定できる．

④　回転角の角度精度は±1°である．

　実際の全反射ラマン測定では，半球プリズムの平面部に試料を圧着してプリズムの球面側からレーザー光を照射する．そして，試料表面からのラマン散乱光を集光し分光する．この光学系をラマン分光器に組み込み，全反射ラマンスペクトルの測定を行なっている．

　磁気テープの保護膜としては，後述するダイヤモンド状炭素（Diamond like carbon, DLC）膜が使われている．磁気テープは，PETフィルム上に100 nm以下の磁性層がコーティングされており，その上に保護膜であるDLC膜がスパッター法やプラズマCVD法で成膜されている．通常のマクロラマン測定を行なうと，磁性層が薄い場合には，PETの強い蛍光やラマン線が観測されてしまってDLC膜のラマンスペクトルを測定できない場合がある．そのような場合に，全反射ラマン分光法を用いると，保護膜のDLC膜だけのラマンスペクトルを得ることができる．

　PETフィルム上にモデル的に作製した厚さが約50 nmのDLC膜の測定例を図2.22に示す．屈折率$n_P=1.88$のプリズムを用いて波長514.5 nmのレーザー光で測定する場合，全反射臨界角（$\theta_C=66°$）よりも小さな入射角では全反射が起こらないため，下地PETフィルム全体のラマンスペクトルが観測される．DLC膜のラマンバンドは下地PETの強いラマン散乱光と強い蛍光に重なり明確に検出できないが，θ_Cよりも大きな入射角では全反射条件が満たされ，表層部に形成されているDLC膜に特徴的なラマンバンドのみが選択的に検出される．入射角を変えると浸み出しの深さが変わることから，薄膜の深さ方向の構造変化に関する知見を得ることもできる[14]．

2.3.2
SERS効果を利用した表面分析例

　表面増強ラマン散乱（Surface Enhanced Raman Scattering, SERS）は，当初，金属表面に吸着した分子でラマン強度が著しく増大して観測される現象と

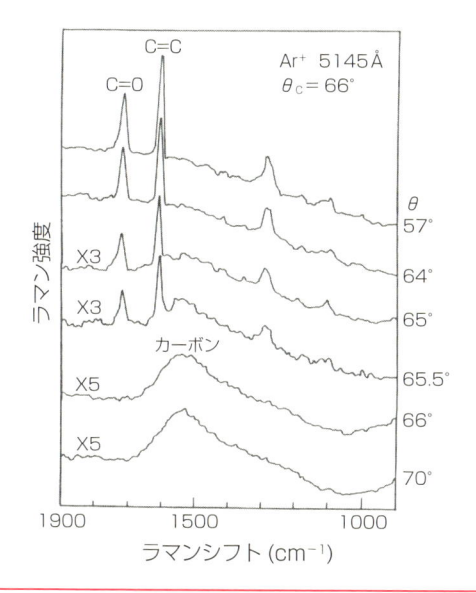

図 2.22 PET フィルム上 DLC 膜（厚さ約 50 nm）の全反射ラマンスペクトル
【出典】前川めぐみ他：分析化学, **40**, 203（1991）.

して，Fleischmann らによって発見された[3,15]．ラマン強度の増大は観測される系によって異なるが，$10^2 \sim 10^6$ 倍程度であると報告されている．その後，SERS 現象を利用して，金属表面の吸着分子の構造や金属と吸着分子との界面の化学反応に関する研究が盛んに行なわれてきた．現在，SERS の機構として，表面プラズモンポラリトンの励起によって入射光と散乱光の電場が増大するという物理的機構と，金属と吸着種間の電荷移動によって生じた電子状態を中間状態とする共鳴ラマン散乱であるという化学的機構の二つが提唱されている．

　SERS 効果を利用して固体の表面を高感度で分析するには，銀オーバーレイヤー（Ag Overlayer）法が有効である[16]．島状の銀薄膜を調べたい固体の表面に蒸着する方法である．

　図 2.23 に，アルゴンイオンでエッチング処理したダイヤモンド表面のラマンスペクトルを示す[16]．銀蒸着なしで直接ダイヤモンドにレーザー光を照射した場合には，1332 cm^{-1} 付近に中心を持つダイヤモンド結晶に特有なラマンス

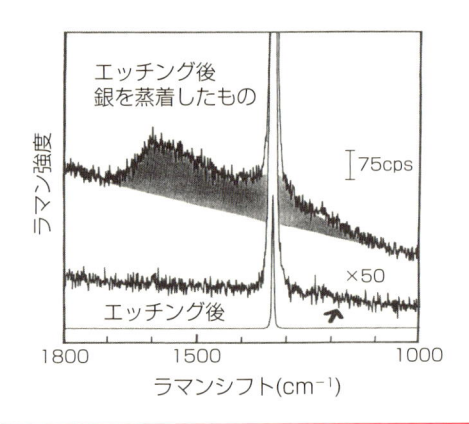

図2.23 エッチング処理したダイヤモンド表面の SERS スペクトル

【出典】H. Ishida et al.: *Appl. Spectrosc.*, **40**, 322（1986）.

ペクトルしか得られないが，数 nm の膜厚（平均膜厚）の島状の銀薄膜を蒸着することにより，1600 cm^{-1} 付近に中心を持つアモルファスカーボンに特有なラマンバンドが高感度で検出されている．X 線光電子分光法（X-ray Photoelectron Spectroscopy, XPS）や電子エネルギー損失分光法（Electron Energy-Loss Spectroscopy, EELS）による表面分折の結果，アルゴンイオンでダイヤモンド表面をエッチング処理すると，ダイヤモンド表面に約 2 nm のアモルファスカーボン層が形成されていることが確認された．SERS 効果を利用すれば表面の数 nm を高感度で検出することができる．

TCNQ（7,7,8,8-tetracyanoquinodimethane）は，アルカリ金属イオンや他の分子との間で TCNQ 錯体を形成し，一次元電気伝導体となることが知られてきた．半導体から超伝導まで，さまざまな物性を示す TCNQ 錯体が合成されている[17]．TCNQ 分子自体は，TCNQ 錯体の中で，電子を受容するアクセプタとして働く．TCNQ 錯体は，将来の有機トランジスタやコンデンサー，インク材料などの有力な候補の一つとして注目されている．

著者らは，ガラス基板上に膜厚が約 50 nm の銀薄膜を蒸着し，その上に，種々の膜厚の TCNQ 薄膜を蒸着した試料で，TCNQ 薄膜の SERS 現象を初めて観測した．図 2.24 に，その結果を示す．図 2.24(b) から，膜厚が約 5 nm の極薄膜の TCNQ 分子からのラマンスペクトルが観測されていることがわか

る[18]．ガラス基板上に直接蒸着した TCNQ 薄膜のラマンスペクトルとの比較から，銀薄膜を蒸着することによって，100 倍以上，ラマン線の強度が増大することを見出した．また，図 2.24(c)と(d)の比較から，銀薄膜上約 2 nm 以内では，TCNQ 分子の酸化物である DCTC$^-$（a,a-dicyano-p-toluoyl cyanide）分子が形成されていることがわかった．膜厚 2 nm の DCTC$^-$ 分子のラマンスペクトルが高感度で検出されていることから，DCTC$^-$ 分子でも SERS 現象が生じていることがわかる．この例からわかるように，SERS 効果を利用すると，薄膜最表面の分子の構造変化を敏感に捉えることができることがわかる．

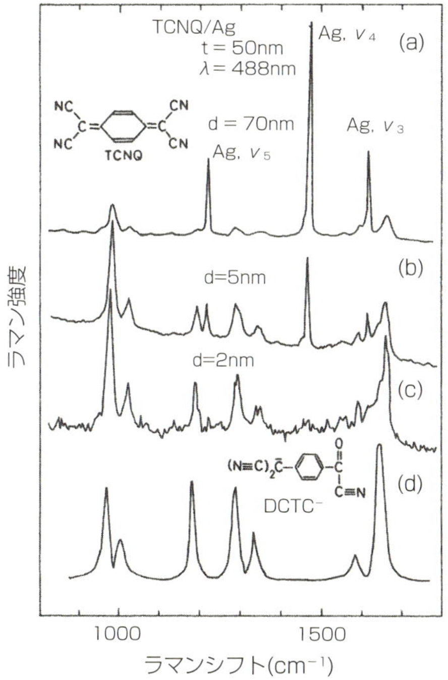

図 2.24 銀薄膜上の TCNQ 薄膜の SERS スペクトル

(a) TCNQ 膜厚 d=70 nm，(b) d=5 nm，(c) d=2 nm，(d) DCTC$^-$ 分子の溶液中のラマンスペクトル．
【出典】M. Yoshikawa *et al.*: *J. Raman Spectrosc.*, **17**, 369（1986）．

2.3.3
共鳴ラマン効果を利用した薄膜の分析法

ラマン線の強度は電子分極率 α の絶対値の二乗に比例し，(2.5) 式のように近似できる[19]．

$$I \propto |\alpha|^2 \propto (E-E_0)^{-2}(E-E_s)^{-2} \tag{2.5}$$

ここで，E はその物質に特有な電子吸収帯のエネルギーで，E_0 と E_s はそれぞれ入射光と散乱光のエネルギーに対応する．(2.5) 式から容易にわかるように入射光や散乱光のエネルギーが物質に特有な電子吸収帯のエネルギーに近づくと分母が零に近づき，著しくラマン線の強度が増大する．この現象を共鳴ラマン効果と呼んでおり，非共鳴時と比べると最大 10^6 倍程度の感度の向上が得られる．共鳴時にはそのエネルギーでの物質の吸収係数が著しく大きくなり，入射光の侵入深さが著しく浅くなるため，共鳴ラマン効果を利用すると表面の構造を非破壊で，しかも高感度に分析することが可能になる．

DLC 膜のラマンスペクトルを Ar^+ レーザーの発振線を用いて測定すると，1530 cm^{-1} 付近をメインピークとし，1390 cm^{-1} 付近にショルダーバンドを有する非対称なラマンスペクトルが得られる．これらのラマンバンドはいずれも非晶質な sp^2 カーボンに由来するラマンバンドであると考えられている[20-22]．

DLC 膜のラマンスペクトルを励起波長を変えて測定した例を図 2.25 に示す．図 2.25(a)，(b)は，水素分圧がそれぞれ 30% と 0% で測定した DLC 膜のラマンスペクトルである．丸印が測定データを，実線が 2 成分のガウス関数を用いて合成したラマンスペクトルを表わしている．DLC 膜のラマンスペクトルは 2 成分のガウス関数を用いて良く再現することができる[20-22]．

Ar^+ レーザーの 514.5 nm の発振線を用いて測定すると，1530～1580 cm^{-1} 付近を中心とし，1390 cm^{-1} 付近にショルダーを有する非対称なラマンバンドが観測される．sp^2 および sp^3 構造を形成する物質のラマンスペクトルとの比較から，DLC 膜で 1530～1580 cm^{-1} 付近に観測されるメインバンドは，sp^3 カーボンに由来するラマンバンドではなく，sp^2 カーボンに由来するラマンバンドであると考えられる．さらに，1390 cm^{-1} 付近のショルダーの由来としては，

① ラマン散乱効率を比較すると，グラファイトのほうがダイヤモンドよりも約60倍大きいこと
② 非晶質になると著しくラマン線の強度が低下すること
③ 結晶子サイズが約5 nmのダイヤモンドでは，単結晶よりも約10 cm^{-1}低波数側の1320 cm^{-1}付近に観測されること

などから，sp^{3}カーボンに由来するラマンバンドではなく，sp^{2}カーボンに由来するラマンバンドであると考えられる．

図2.25(a)，(b)を見ると，レーザー光の波長が457.9 nmから647.1 nmへと長くなるとともにメインピーク位置が低波数側にシフトし，相対強度が増加

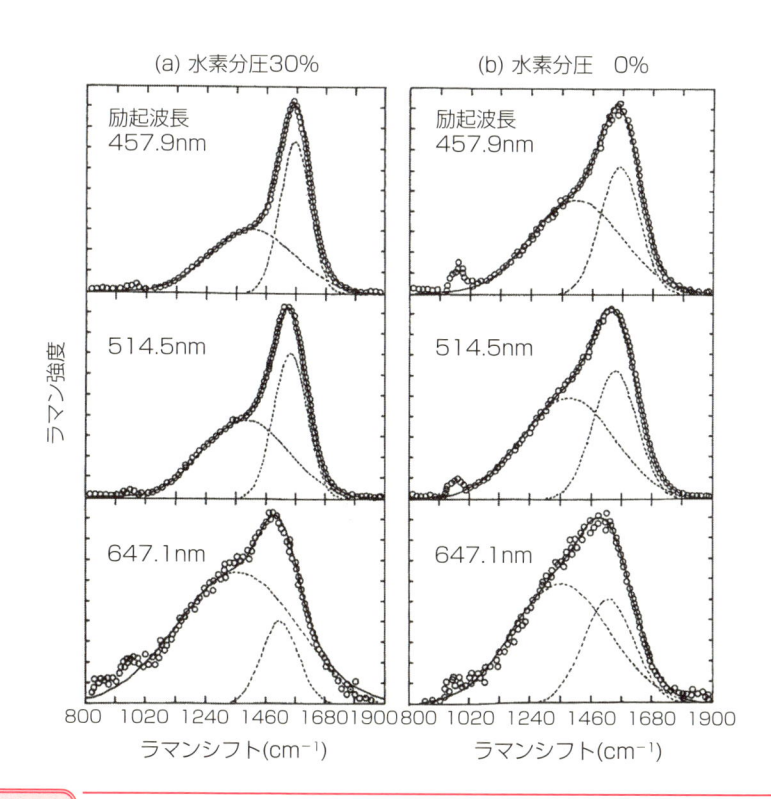

図 2.25　DLC膜のラマンスペクトル
(a) 水素分圧30%，(b) 水素分圧0%．

していることがわかる．これらのDLC膜では，水素分圧の増加とともに光学ギャップが大きくなり，DLC膜のsp³性が高くなる傾向がある．DLC膜では，このような光学ギャップ，すなわち，π-π*電子吸収帯の変化を反映したラマンスペクトルの励起波長依存性が観測される．通常の物質では，レーザー光の波長を変えてもラマン線のピーク波数は変化しない．同じようなラマンスペクトルの励起波長依存性が熱分解炭素（Pyrolytic Graphite, PG）や無定形炭素（Glassy Carbon, GC）でも観測されている．DLC膜で観測されたラマンスペクトルの励起波長依存性の測定結果から，DLC膜のラマンスペクトルの変化が，異なる波長に電子吸収帯を持つ種々の大きさのsp²カーボンをレーザー光で選択的に共鳴励起する結果生じているということが考えられる[20-21]．

共鳴効果の概念図を図2.26に示した．sp²カーボンサイズが大きくなると，光学ギャップが小さくなり，π電子が分子面上で非局在化するために炭素間の結合力が弱くなることが考えられる．もし，DLC膜が種々の大きさのsp²カーボンから構成されているとすると，レーザー光の波長を変化させるとレーザー光のエネルギーに共鳴したsp²カーボンだけが強く観測されるため，ラマンスペクトルが励起レーザー光の波長とともに変化することが考えられる．

共鳴ラマン効果や赤外分光法から推定したDLC膜の構造のモデル図を図2.27に示す．DLC膜は種々の大きさのsp²カーボン（縮合環や直鎖状炭素）や種々の大きさのsp³カーボンのネットワークで構成されていると考えられ

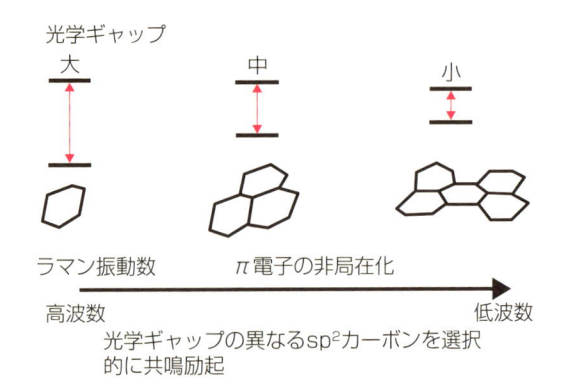

図2.26　DLC膜の共鳴効果の概念図

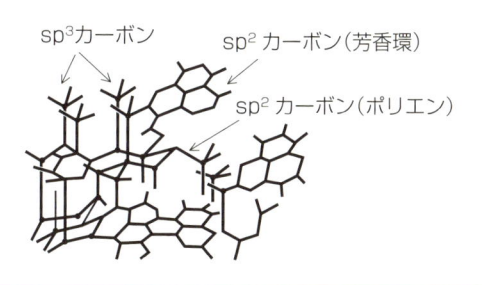

Chapter 2 赤外・ラマン分光法

図 2.27 DLC 膜のモデル構造

【出典】M. Yoshikawa et al.: *Phys. Rev. B*, **46**, 7169 (1992).

る[21]．現在，共鳴ラマン効果を利用して，膜厚 5 nm 以下の DLC 膜の構造評価が盛んに行なわれている．

2.3.4
ラマン分光法を用いた深さ方向の構造解析

顕微ラマン分光法を用いても試料の断面を分析することにより，構造や組成の深さ方向分布を調べることができる．通常の垂直断面（図 2.28(a)）では深さ分解能はレーザー光のビーム径で制限され約 0.5 μm 程度である．精密斜め研磨（図 2.28(b)）を行なうと斜面の長さが傾斜角（α）に応じて $(\sin \alpha)^{-1}$ 倍だけ拡大されることになり，深さ分解能が大幅に向上する．

傾斜研磨法を用いて B^+ イオンを注入した炭素繊維（直径 6.5 μm）の深さ方向における構造変化を顕微ラマン分光法を用いて調べた例を図 2.29 に示す．

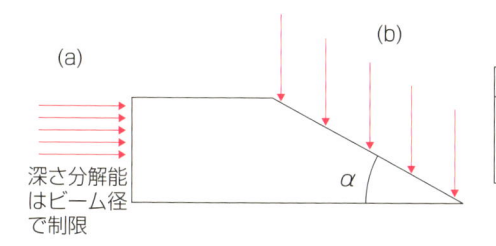

傾斜角	深さ分解能
10°	174 nm
3°	52 nm
1°	17 nm

図 2.28 精密斜め研磨の模式図

(a) 断面図，(b) 斜面図．

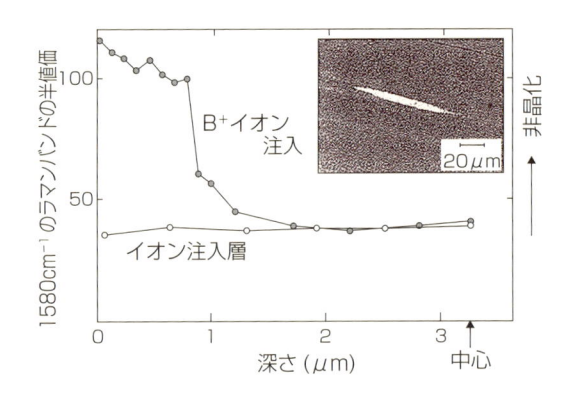

図 2.29 炭素繊維のラマンバンド（1580 cm^{-1}）の半値幅変化

【出典】保母敏行　監修，片桐　元　著：『高純度化技術大系1』, 1145, フジ・テクノシステム（1996）.

表面から 1 μm 以内の領域でラマン線の半値幅が大きくなっており，表層部で炭素繊維の結晶性が著しく低下していることがわかる[23]．

2.3.5
近赤外ラマン分光法による高分子材料の深さ方向分析

これまでラマン分光法は，

- 安定な可視励起光源としてのアルゴンイオン（Ar$^+$）レーザーの存在
- 可視領域での高感度な CCD 検出器の存在
- 可視領域で高感度なシングル分光器の存在

などの理由から，可視領域を中心に装置開発や研究開発が行なわれてきた．可視領域では多くの有機物やポリマー材料から強い蛍光が放出され，微弱なラマンスペクトルが観測できないという大きな問題点があるため，蛍光の少ない有機物・ポリマーやカーボン材料，無機材料や半導体材料を中心に分析市場が開拓されてきた[2]．しかし近年，近赤外領域（0.9 μm～1.6 μm）で量子効率が80％以上もある高感度な InGaAs マルチチャネル検出器の開発により近赤外領域で蛍光をほぼ完全に除去したラマンスペクトルが高感度で取得できるように

なってきた．近赤外領域でも特定の半導体や無機材料に関しては可視領域で測定するよりも大きなメリットがある材料が存在する．

近赤外領域での測定のメリットとしては，

① 蛍光除去
② 侵入深さが深い
③ 共鳴ラマン効果が大きい

などが考えられる．①に関してはカーボン材料や一部の半導体材料を除いてほとんどの有機材料や無機材料ではその物質に特徴的な電子吸収帯が紫外領域や可視領域に存在する．近赤外領域のレーザー光源で励起しても電子をその物質の基底状態から励起状態まで励起することができないため，蛍光が試料から放出されることはない．この点で蛍光をほぼ完全に除去したラマンスペクトルが得られる．②に関しては，ほとんどの試料が近赤外領域で透明であるため，逆に，侵入深さが深くなるが，その分，ラマン線の強度をかせぐことができ，可視領域で侵入深さが浅いという原因でラマン線の強度が弱い試料に関して近赤外領域での測定にメリットがある．また，共焦点光学顕微鏡と組み合わせることで，深さ方向の分析が非破壊でできるというメリットがある．③に関しては，カーボンナノチューブなどの近赤外領域に吸収帯が存在する材料に対して共鳴ラマン効果を利用すると，非共鳴時に比べて最大で $10^2 \sim 10^6$ 倍程度のラマン強度の増大を得ることも可能である．

一例として，図 2.30 にポリイミドフィルムのラマンスペクトルを示す．ポリイミドフィルムのラマンスペクトルを Ar^+ レーザーの 514.5 nm の発振線を用いて測定すると蛍光しか観測されない．波長 785 nm の励起では強い蛍光によるバックグランドに重畳してわずかに強度の弱いラマン線が観測されるが，YAG レーザー（1.06 μm）を用いると，蛍光をほぼ完全に除去したラマンスペクトルを測定することができる．

近赤外顕微ラマン分光装置を用いて，アルカリ処理した厚さが 30 μm のポリイミドフィルム断面を 1 μm ステップでライン分析した結果を図 2.31 に示す[24]．ラマン分光法でも表面付近 5〜6 μm の領域ではイミド環由来のラマン

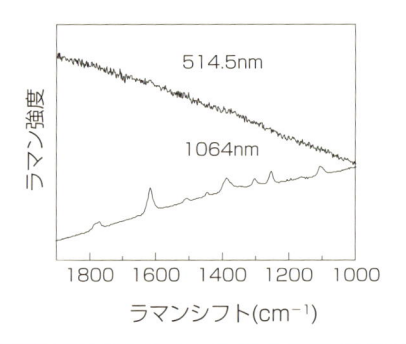

図 2.30 ポリイミドフィルムのラマンスペクトル

【出典】吉川正信，井上敬子：『樹脂の硬化度・硬化挙動の測定と評価方法』p.234，サイエンス＆テクノロジー（2007）．

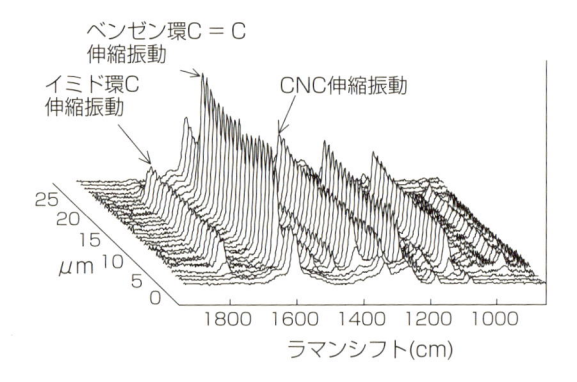

図 2.31 アルカリ処理ポリイミドフィルム断面の深さ方向のライン分析結果

【出典】吉川正信，井上敬子：『樹脂の硬化度・硬化挙動の測定と評価方法』p.234，サイエンス＆テクノロジー（2007）．

バンド強度が低下しており，加水分解によってイミド環構造が開環していることがわかる．ベンゼン環C＝C伸縮振動やCNC伸縮振動の強度も低下していることから，アルカリ処理にともなうポリイミドの構造変化が示唆される．

2.3.6
紫外光励起近接場ラマン分光法による表面極微小部の応力解析

次世代LSI（Large Scale Integration）トランジスタ技術として，歪みシリコン（Si）が有望視されている．歪みシリコンを利用すると，MOSFET

（Metal Oxide-Semiconductor Field-Effect Transistor）の動作速度は大幅に向上する．トランジスタの微小化に伴い，Si/SiGe 界面で発生する応力（歪み）が欠陥や転位の発生源になっており，半導体デバイスの歩留まりや生産性・耐久性に大きな影響を及ぼしている．

ラマン分光法はシリコン半導体や GaN 系化合物半導体の局所領域の歪みや応力の評価，カーボンナノチューブなどの結晶性の評価に盛んに利用されているが，光学顕微鏡を使用しているためにミクロン（μm）レベルの観察しかできず，しかも光の回折限界による制約のために分析上の空間分解能も 500 nm 程度に限定されている．紫外レーザー光励起ラマン分光法を用いてもレンズ系の収差の問題から，500 nm 以下の空間分解能で測定することは実質的には困難である．

光の回折限界を打ち破り，ラマン分光法の空間分解能を向上させるための方法として，近接場光を利用したラマン分光装置の開発が進んでいる．近接場光を利用すると，空間分解能は励起するレーザー光の波長には依存せず，プローブの開口径の大きさだけで決まる．市販の可視領域の近接場ラマン分光装置としては，

① 光ファイバーを用いた開口型
② 散乱型の近接場プローブを用いる近接場ラマン分光装置

の二つに大別される．①と②は，それぞれ，近接場ラマン信号が非常に弱い，近接場ラマン散乱光に信号強度が非常に強い通常のラマン散乱光が重畳して空間分解能が向上しないという問題点がある．特に，②に関しては，強い通常のラマン散乱（far-field）光を避けるために，透過モード，かつ，全反射照明でのみ 100 nm 以下での測定が行なわれており，不透明な半導体用途にはまったく利用されていなかった．可視領域に限って近接場ラマン分光装置の開発も進んでいるが，数百 nm レベルの測定は不可能であり，現状では感度・空間分解能の点からは実用レベルには至っていない．

著者らは，平成 15 年度から NEDO の基盤技術研究促進事業プロジェクトを通じて，

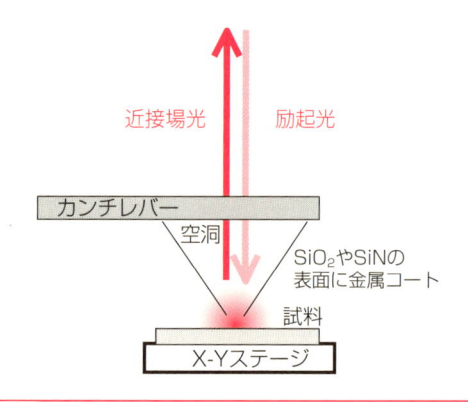

図2.32 新型近接場プローブ

(a) 光ファイバーを用いない高立体角逆ピラミッド型の近接場プローブの利用（図2.32参照）
- 光ファイバーよりも2桁透過率向上
- バックグランドの小さいプローブ採用によりS/N比2桁向上

(b) 紫外領域の近接場共鳴ラマン効果を利用
- 可視領域測定よりも強度が2桁増大

(c) 侵入深さの浅い励起波長の選択（紫外レーザー光利用：波長364 nm）
- 可視近接場光の測定深さ（100〜200 nm）よりも遥かに浅い5 nmの測定深さを実現

といった斬新なアイディアにもとづいて，市販の光ファイバーを用いた可視領域の近接場ラマン分光装置よりも

- 1万倍以上も高感度
- 100 nm以下の空間分解能
- 測定深さ5 nm以下

■ 0.1 cm^{-1} 以下の波数精度で短時間測定が可能

という，優れた特徴を有する世界初の紫外レーザー光励起近接場顕微ラマン分光装置の開発に成功した．市販の近接場顕微ラマン分光装置では，Si の近接場ラマンスペクトルの測定に 30 分以上を必要としていた．開発した紫外レーザー光励起近接場顕微ラマン分光装置では，約 10 秒で Si の近接場ラマンスペクトル測定が可能になる．図 2.33 は，開口径 100 nmΦ の新型近接場プローブを用いて測定した VLSI スタンダード市販品（周期 1800 nm，酸化膜厚 180 nm，酸化膜幅 200 nm）のトポグラフ像である．

図 2.34(a), (b)には近接場プローブを用いて，また図 2.34(c), (d)には近接場プローブを用いずに測定した VLSI スタンダード市販品（周期 1800 nm，酸化膜厚 200 nm，酸化膜幅 200 nm）のラマンスペクトルマッピングを示す．250 nm ステップで 400 点のスペクトルマッピングを行なった．トータルの測定時間は約 1 時間である．図 2.34(a), (c)はピーク波数分布，図 2.34(b), (d)はピーク波数シフト分布を表わしている．図 2.34(b), (d)でマイナスとプラスのシフトは，それぞれ，引っ張り応力と圧縮応力に対応する．図 2.34(b), (d)から，酸化膜下では引っ張り応力が，Si 基板上には圧縮応力が生じており，トポグラフ像に対応した，周期的な応力分布が得られていることがわかる[25]．

図 2.34(a), (b)と図 2.34(c), (d)を比較すると，明らかに近接場プローブを

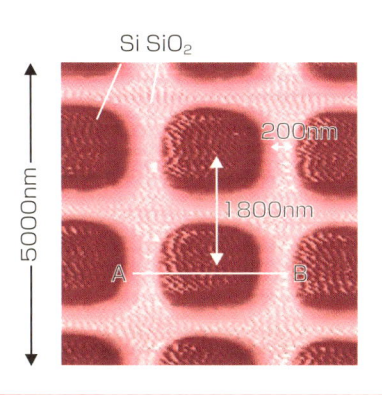

図 2.33 VLSI スタンダード市販品のトポグラフ像

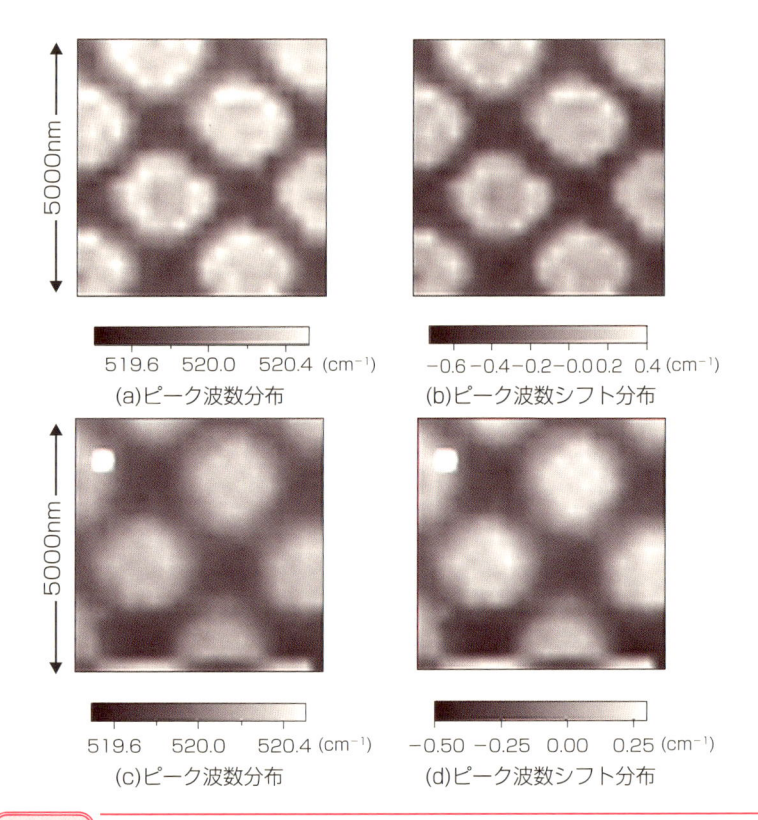

(a) 519.6 520.0 520.4 (cm⁻¹)
(a) ピーク波数分布

(b) −0.6 −0.4 −0.2 −0.0 0.2 0.4 (cm⁻¹)
(b) ピーク波数シフト分布

(c) 519.6 520.0 520.4 (cm⁻¹)
(c) ピーク波数分布

(d) −0.50 −0.25 0.00 0.25 (cm⁻¹)
(d) ピーク波数シフト分布

図 2.34 カンチレバーを用いて測定した Si のラマンスペクトルマッピング

(a)〜(b)はプローブあり，(c)〜(d)はプローブなし．
【出典】M. Yoshikawa, M. Murakami, K. Matsuda, R. Sugie, H. Ishida : *Japanese Journal of Applied Physics*, **45**, L 486 (2006).

用いて測定したほうが空間分解能の高いデータが得られていることがわかる[25]．

同じ試料を，図 2.33 のライン A–B に沿って 30 nm ステップで測定した線分析の結果から[26]，Si 酸化膜と Si 基板界面近傍には図 2.34(b)で得られた応力集中部分が 100 nm 以内の領域で観測されていることがわかった．近接場プローブを用いない，対物レンズだけでは，このような円輪状の鮮明な応力集中は観測されなかった．この結果から，我々が開発した装置の空間分解能が少なくとも 100 nm 以下であると考えられる[26]．

2.4 まとめ

　赤外分光法やラマン分光法を用いた表面分析法について紹介してきた．赤外分光法とラマン分光法は，同じ振動分光法の一つであるが，イオン分極率が変化する振動モードは赤外スペクトルで，共有結合から構成されている骨格の振動モードはラマンスペクトルで強く観測される．このような点で赤外分光法とラマン分光法は相補的な情報を与える分光法である．両手法ともに本章で紹介した各種表面分析手法を用いることで，バルク分析だけではなく，微小部の極表面の分析を行なうことができる．また，前処理法を工夫することによりナノメータレベルの深さ分解能で，試料の深さ方向の情報を得ることも可能である．

　赤外分光法やラマン分光法は近年の安価な簡易型の分光器の普及により幅広く分析に利用されてきたが，ハード面では成熟期に入っている．赤外分光法に関しては，最近，官能基のイメージングが短時間で行なえるイメージング赤外分光装置が各社から売り出されているのみである．ラマン分光法もより表面の分析ができる紫外レーザー光励起のラマン分光器や蛍光をほぼ完全に除去できる近赤外ラマン分光装置が売り出されているが，分解能や感度の点からいうとまだまだ完成度が低い．また，次世代の分析法として期待されている近接場光を利用した赤外分光法やラマン分光法に至っては感度の面で実用のレベルには至っていないというのが現状である．これらの諸問題を打破し，今後より一層，次世代の分析装置の開発と普及に積極的に取り組んでいきたいと考えている．

参考文献

1）田隅三生：『FT-IR の基礎と実際』東京化学同人（1994）.
2）浜口宏夫，平川暁子：『ラマン分光法』学会出版センター（1988）.
3）吉川正信，石田英之，石谷炯：*PETROTEC.*, **12**, 836（1989）.
4）T. Ohnishi, A. Ishitani, H. Ishida, N. Yamamoto, H. Tsubomura：*J. Phys. Chem.*, **82**, 1989（1978）.
5）J. Umemura, T. Kamata, T. Kawai, T. Takenaka：*J. Phys. Chem.*, **94**, 62（1990）.
6）A. Hartstein, J. R. Kirtley, T. C. Tsang：*Phys. Rev. Lett.*, **45**, 201（1980）.
7）A. Hatta, Y. Suzuki, W. Suetaka：*Appl. Phys.*, **A 35**, 135（1984）.
8）Y. Nishikawa, K. Fujiwara, T. Shima：*Appl. Spectrosc.*, **44**, 691（1990）.
9）錦田晃一，西尾悦雄：『チャートで見る FT-IR』p.83, 講談社（1990）.
10）国須正洋，熊沢亮一，安田光伸：*THE TRC NEWS*, **102**, pp.33–38（2008）.
11）N. Nagai, K. Terada, Y. Muraji, H. Hashimoto, T. Maeda, E. Tahara, N. Tokai, A. Hatta：*J. Appl. Phys.*, **91**, 4747（2002）.
12）H. Okumura, T. Takahagi, N. Nagai, S. Shingubara：*J. Polymer Science*, **41**, 2071（2003）.
13）H. Takahashi, K. Mitsuhashi *et al.*：*THE TRC NEWS*, **108**, pp.19–24（2009）.
14）前川めぐみ，吉川正信，片桐　元，石田英之，清水良祐：分析化学, **40**, T 203（1991）.
15）M. Fleischmann *et al.*：*Chem. Phys. Lett.*, **26**, 163（1974）.
16）H. Ishida, H. Hukuda, G. Katagiri, A. Ishitani：*Appl. Spectrosc.*, **40**, 322（1986）.
17）鹿児島誠一 編著：『一次元電気伝導体』裳華房（1982）.
18）M. Yoshikawa, S. Nakashima, A. Mitsuishi：*J. Raman. Spectrosc.*, **17**, 369（1986）.
19）北川貞三，Anthony T. Tu：『ラマン分光学入門』化学同人（1988）.
20）吉川正信，岩上景子：表面技術, **49**, 80（1998）.
21）M. Yoshikawa, N. Nagai, M. Matsuki, H. Fukuda, G. Katagiri, H. Ishida, I. Nagai：*Phys. Rev.*, **B 46**, 7169（1992）.
22）M. Yoshikawa, K. Iwagami, T. Matsunobe, N. Morita, Y. Yamaguchi, Y. Izumi, J. Wagner：*Phys. Rev.* **B 69**, 045410-1（2004）.
23）保母敏行 監修，片桐　元 著：『高純度化技術大系』1, p.1145, フジ・テクノシステム（1996）.
24）吉川正信，井上敬子：『樹脂の硬化度・硬化挙動の測定と評価方法』, p.324, サイエンス＆テクノロジー（2007）.
25）M. Yoshikawa, M. Murakami, K. Matsuda, R. Sugie, H. Ishida：*Japanese Journal of Applied Physics*, **45**, L 486（2006）.

26) M. Yoshikawa, M. Murakami, H. Ishida : *Appl. Phys. Lett.*, **91**, 131908 (2007).

Chapter 3
X線光電子分光法 (XPS, ESCA)

　X線光電子分光法（XPSあるいはESCA）は，歴史の古さ，適用範囲の広さや得られる情報の重要性などから，表面分析手法の中で最もよく用いられるものの一つとなっている．有機物・無機物の別や導電性の有無にかかわらず，ほとんどすべての固体試料が分析可能であり，測定によって，表面（最表層～10nm）の元素組成，および各元素の化学状態に関する情報が確実に得られる．これらの特徴によって，XPSは大学や研究機関だけでなく，産業界にも広く普及している．しかも，空間分解能の向上，深さ方向分析におけるダメージ低減，放射光の利用など，今なお手法としての発展が著しい．

　本章においては，XPSの原理・装置について，分析を行なうために必要な事柄を解説し，実際の分析手順に沿って試料の準備から結果の解析までのポイントを述べる．さらに，応用例として，高分子材料，炭素材料，液晶ディスプレイおよび固体高分子形燃料電池の分析事例を紹介する．

3.1 はじめに

物質に光を照射すると表面から電子が放出される（光電効果）．この現象は19世紀後半にH. R. HertzやW. L. F. Hallwacksによって見出され，P. Lenardによって詳細に研究された．その結果，電子を放出させるにはある波長以下の光が必要であること，放出される電子の運動エネルギーは照射する光の波長に依存し，強度にはよらないことなどが明らかになった．これらの実験事実は，20世紀に入ってA. Einsteinによって理論的に説明され，量子論の基礎が築かれた．

X線照射時の光電子を分光することによって固体内の電子状態を分析しようと考えたのは，高性能な電子線アナライザーを開発したK. Siegbahnらである[1-2]．彼らは，ESCA（Electron Spectroscopy for Chemical Analysis：化学分析のための電子分光法）と名付けたこの方法が，物質のごく浅い表面の情報をとらえていることに気づく．これが近代的な表面分析の先駆けとなった．

物質表面の組成，化学状態は，学術的な観点からだけでなく，実用上も非常に重要な意味を持つ．たとえば，金属の酸化や高分子材料の接着などの工業的に重要な特性は，表面の組成・構造と密接に結びついている．こうした事情もあり，ESCA，あるいはXPS（X-ray Photoelectron Spectroscopy）は，市販装置が発売されて普及し，産業界で広く用いられるにいたった[3-8]．数ある表面分析手法の中で最も古いものの一つであるが，今でもその重要性は変わっていない．それどころか，新しい前処理法の開発や放射光の利用などによって，現在もさらに適用範囲を広げつつある[9]．

3.2 XPS の原理と特徴

　X線照射によって，物質内に束縛されていた電子が励起され，光電子として表面から放出される．この過程を模式的に図3.1に示す．Einstein の光電効果の理論によれば，このときの光電子の運動エネルギー（K. E.; Kinetic Energy）は，X線の振動数 ν，電子の結合エネルギー（B. E.; Binding Energy）を用いて，下の式で与えられる[1-5]．

$$\mathrm{K.\,E.} = h\nu - \mathrm{B.\,E.} - \phi \tag{3.1}$$

ここで，h はプランク定数であり，ϕ は物質の仕事関数である．

　XPSでは，原子の内殻軌道から放出される光電子をとらえて分析を行なうことが多い．この場合，B. E. は，その軌道エネルギーで近似される．各元素の各軌道（たとえば，炭素原子の1s軌道，以後，元素記号と軌道名を用いてC1sのように表わす）は固有のエネルギーを持つため，光電子の運動エネルギーの測定から元素分析が可能になる．一方で，B. E. はその元素の価数や結

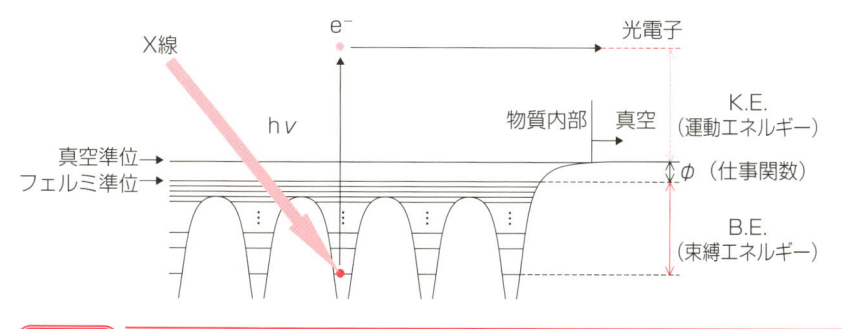

図 3.1　固体表面からの光電子放出の模式図

合状態によってわずかに変化する（化学シフト）．この現象を利用して化学状態分析が行なえる．

　それでは，なぜXPSが表面分析となるのだろうか．励起X線は試料深くにまで浸透し，内部でも光電子を励起する．XPSでは，通常，エネルギーの低い軟X線が用いられ，その浸入深さは数ミクロン程度であるが，それでも検出深さに比べれば3〜4桁深い．一方，電子は物質との相互作用が強く，試料中を少し進んだだけで非弾性散乱を受けてエネルギーを失う．そのような電子は，もはやスペクトルのピークには寄与しないため，XPSにおける光電子ピークは，光電子が非弾性散乱を受けずに脱出可能なごく浅い（〜数nm）表面の情報だけを反映するのである（非弾性平均自由行程については3.5.7項参照）．

　XPSは試料表面数nmの元素分析（水素，ヘリウム以外のすべての元素）に加えて，化学シフト等を利用した状態分析が可能な手法である．検出下限は元素により異なるが，おおよそ0.1〜1％の範囲にある．また，金属，半導体，セラミックス，有機・高分子材料などほとんどの固体材料について，板状，フィルム，薄膜，粉末，繊維などの形状を選ぶことなく分析できる．このため，最も汎用性の高い表面分析手法として，さまざまな分野で幅広く用いられている．とくに，C1sの化学シフトが大きく，炭素の化学状態に関する情報が豊富に得られるため，有機・高分子材料における強力な表面分析手段の一つとなっている[10-15]．

3.3 XPS装置

　XPS装置の主要部は，X線発生装置，光電子の分光を行なうアナライザー，および電子検出器で構成される（図3.2）[10-15]．これら以外に，装置内部を超高真空に保つ真空系，試料搬送機構，測定を制御するコンピュータ等が必要であり，さらに，絶縁性試料の測定中の帯電を補償する帯電中和銃，表面をスパッタエッチングするエッチング銃などが付属していることが多い．

3.3.1
X線発生装置

　X線は，電子を加速し，金属製のアノードに衝突させることによって発生させる．XPSでは，アノードにアルミニウムまたはマグネシウムを用い，その

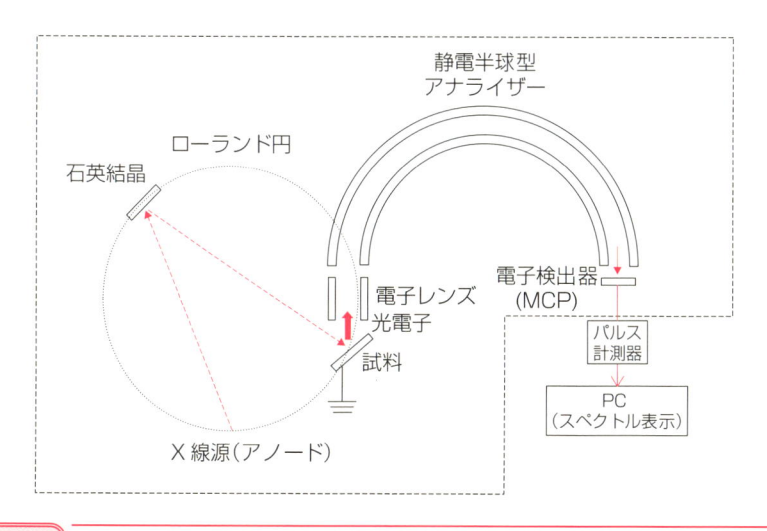

図3.2 XPS装置主要部の構成

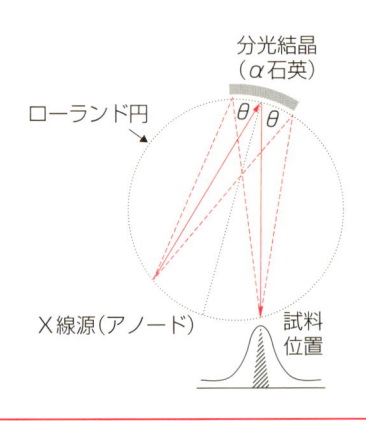

図の説明:
- 分光結晶（α石英）
- ローランド円
- θ θ
- X線源（アノード）
- 試料位置

図 3.3 X 線の単色化方法（2 重収束型）

特性 X 線（それぞれ Al Kα 線（$h\nu=1486.6$ eV），Mg Kα 線（$h\nu=1253.6$ eV））を励起 X 線とすることが多い．アノードからは制動放射による連続 X 線も同時に発生するため，アルミニウム箔の窓を用いて遮断する．

最近の高性能な装置では，分光結晶を利用して励起 X 線を単色化している．スペクトルの分解能が上がり，バックグラウンドレベルが下がるうえに，X 線サテライト（3.5.5 項）も現れないからである．単色化には X 線の波長に対応した分光結晶が必要であり，Al Kα 線と α 石英の組み合わせが最も一般的に用いられる．分光結晶をたわめて，アノード上の 1 点から発生した X 線を試料上の焦点に集めることにより，単色化と集光とを同時に実現できる（2 重収束型，図 3.3）[16–18]．

3.3.2
アナライザー

光電子の分光には，一般に静電半球型アナライザー（図 3.4(a)）が用いられる．簡便な装置では，円筒鏡型アナライザー（図 3.4(b)）が用いられることもある．これらのアナライザー（分析器）は，特定エネルギーの光電子だけを通す「窓」として機能する．透過エネルギーを掃引しながら光電子強度を記録することで，エネルギースペクトルが得られる．

アナライザーに求められる特性は，明るさ，すなわち特定エネルギーの電子

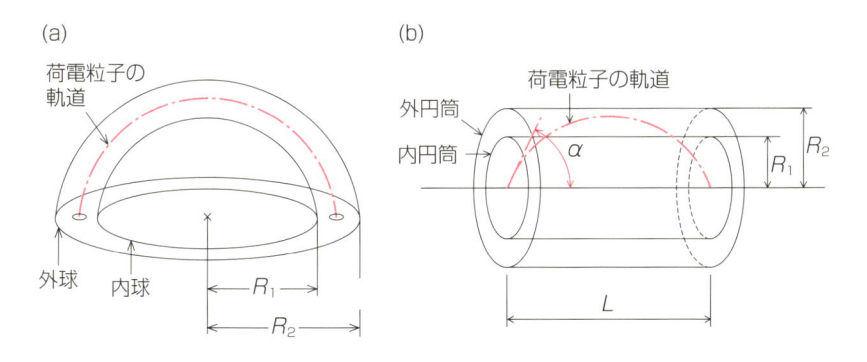

Chapter 3　X線光電子分光法（XPS, ESCA）

図 3.4　(a) 静電半球型アナライザー，(b) 円筒鏡型アナライザー
【出典】山科俊郎，福田　伸：『表面分析の基礎と応用』pp.41–42，東京大学出版会（1991）．

をできるだけ多く透過することと，分解能，すなわち透過電子のエネルギー幅が狭いことの2点である．一般に，静電半球型は両者のバランスがよく，円筒鏡型は非常に明るいものの高分解能が得られないとされている．

　静電半球型アナライザーを用いた装置では，光電子は電子レンズを通ってアナライザーに導かれる（図3.2）．このとき，電子レンズで電子の集光と減速とが行なわれる．最も一般的なCAE（Constant Analyzer Energy）モードでは，アナライザーの透過エネルギーを一定に保ち，減速量を変化させることによって光電子分光を行なう．このモードは，エネルギー分解能が一定になるという利点がある．光電子の運動エネルギーに対し一定の減速率を保つCRR（Constant Retarding Ratio）モードも用いられることがある．また，電子レンズ系を工夫することによって，試料表面における光電子強度分布を結像させ，光電子イメージングを可能にした装置も市販されている．

3.3.3
検出器

　電子線の検出には一般にチャンネルトロンが用いられる．位置敏感型検出（1次元，あるいは2次元）が必要な場合には，マイクロチャンネルプレート（MCP）で電子を増倍し，分割電極で検出するか，蛍光板に当て，発生した光

59

をCCDカメラで撮影する方式がとられる．いずれも，光電子1個1個の到達は電気的なパルスに変換され，一定時間内のパルスをカウントすることで光電子強度を得る．

位置敏感型検出器は，光電子イメージングだけでなく，測定効率向上の目的でも用いられる．静電半球型アナライザーの場合，設定された透過エネルギーより大きな運動エネルギーを持つ電子は，出射口において球の外側に，小さな運動エネルギーの電子は内側にそれぞれ到達する．エネルギーの異なる電子を同時に検出し，エネルギー差を考慮して積算すれば，分解能を落とさずにアナライザーの実効的な透過率（明るさ）を大幅に改善できる．

3.3.4
超高真空系

XPS測定は，光電子と気体分子との衝突の回避，試料表面への気体の吸着の防止などを目的に，10^{-6} Pa以下の超高真空中で行なわれる．このため，装置は内部を超高真空に保つ真空チャンバーで構成されている（図3.5）．真空チャンバーの材質はSUSが一般的であり，ベーキングによって内壁に吸着した気体を追い出すことができるようになっている．真空引きには，粗引き用としてロータリーポンプやルートポンプ，超高真空用としてターボ分子ポンプ，イオンポンプ，チタンサブリメーションポンプ，クライオポンプなどを用いる．装置内の真空度は電離真空計（B-Aゲージなど）でモニターする．

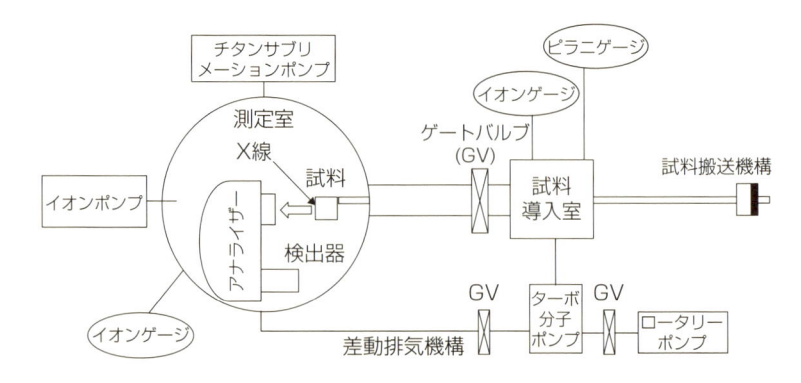

図3.5 XPS装置の真空系模式図

Chapter 3　X線光電子分光法（XPS, ESCA）

試料導入室は，試料交換のたびに大気や窒素ガスなどで大気圧に戻されるため，測定室とはゲートバルブで遮断されている．導入室と測定室との間には試料搬送機構が設けられており，導入室の真空度が十分高くなってからゲートバルブを開けて試料を移送する．特定の目的のために設計された装置では，真空チャンバー内で試料に機械的な加工（破断，研磨など）や蒸着，ガス曝露，イオン照射，気相成長などの処理を加え，真空を破らずに測定室に搬送してXPS分析できるようになっている．

3.3.5
帯電中和銃[17-22]

絶縁性の試料，装置と電気的に接していない試料は，光電子放出によって正に帯電し，ピーク位置のずれ，スペクトルの歪みなどの問題を引き起こす．これを解消するのが帯電中和である．通常は数eVに加速した電子を試料面に浴びせ，電子の不足を補う．このため，帯電中和には加速電圧が低い電子銃が用いられる．

3.3.6
スパッタエッチング銃

試料表面汚染物の除去や深さ方向分析（デプスプロファイリング）を行なうために，XPS装置にはスパッタエッチング銃が付属していることが多い．通常はアルゴン（Ar）をイオン化し，数keV程度に加速して試料表面に照射する方法がとられる．デプスプロファイリングでは，エッチングとXPS測定とを交互に繰り返すことになる．

イオンを表面に照射する際，試料表面が削り取られるだけでなく，表面の原子が中へ押し込まれたり（ノックオン），表層部がかき混ぜられたり（ミキシング）することが知られている（図3.6）．これらの問題を軽減するには，加速電圧を下げる（数百eV〜2 keV）ことが有効であるが，反面，エッチング速度が極端に遅くなるという欠点もある．

有機物は，Ar^+イオンエッチングによって分解し，組成・化学状態がまったく違ったものになることが多い．これを低減するためにはC_{60}^+イオンなどの

61

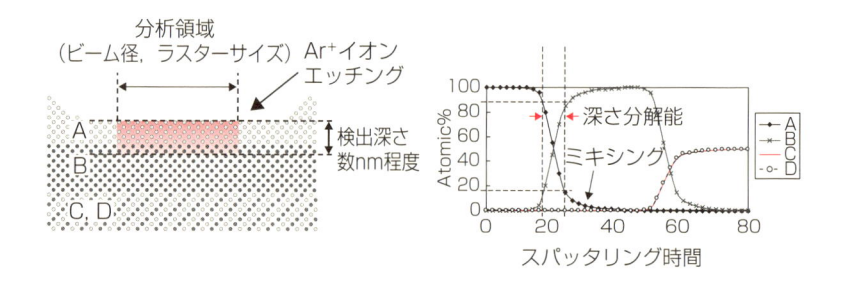

図 3.6 イオンエッチングの概念図

クラスターイオンによるエッチングが有効である．C_{60}^+ イオンの照射は，Ar^+ イオンに比べ，ダメージ領域が浅くエッチング速度が速いので，エッチング後にダメージ層を残しにくい．このため，イオン照射の影響を受けやすい有機物でも，比較的正確なデプスプロファイリングが可能となる．

コラム　XPSによる仕事関数の測定

　金属試料の仕事関数は，フェルミ端（B.E.＝0）における光電子のK.E.から(3.1)式を用いて容易に求められるよう思えるが，そうはいかない．金属同士を電気的に接触させると，フェルミ準位が等しくなるよう接触帯電が起こるからである．試料のフェルミ端は装置のフェルミ端に一致する．さて，測定されるK.E.は，XPS装置の真空準位が基準となるため，この方法で求めた値は，試料のフェルミ端（＝装置のフェルミ端）から装置の真空準位までのエネルギー，すなわち装置の仕事関数になってしまう．それではXPSを用いて仕事関数を測る方法はないのだろうか？　試料に負のバイアス電圧を印加してスペクトルの低K.E.端を測定すれば，(3.1)式におけるK.E.＝0の点を定められる．これを基準にフェルミ端の位置を測定すれば仕事関数が求まる．実際には，低K.E.端に光電子を与える軌道があるわけではなく，測定される低K.E.端は散乱電子によるものとなる．それでも，実測スペクトルに理論曲線を当てはめてK.E.の零点を定め，仕事関数を精度よく算出できることが知られている．

3.4 XPS分析の実際

3.4.1 試料の準備

　XPSは極表面を分析する手法であるため，測定面を汚染しないよう試料準備には細心の注意が必要である．測定面に指紋などの汚染をつけてしまうと，本当に知りたい情報が得られなくなる．試料を扱う際には，清浄な手袋をはめ，脱脂したピンセットなどを用いて測定箇所外をつまむなど，測定面に極力触れないよう配慮する．

　一般に，測定面は平坦であるほうが測定が容易になる．フィルム状，平板状の試料はそのまま用いればよいが，粉末状の試料の場合，カップに敷き詰める，インジウム箔に押しつけるなどの工夫が要る．このとき，アナライザー方向から見て下地が露出していると，下地も検出してしまうので，隙間なく敷き詰める必要がある．繊維状の試料も同様である．なお，微小部測定が可能な装置では，粉末粒子1個，繊維1本で測定できる場合がある．

　サンプリング以前の汚染にも配慮が必要である．測定面を別の材料に接触させると，そこから表面付着物が転写・移行する恐れがある．また，容器内のガスや実験室雰囲気からも汚染が起こり得る．試料を保管，移送する場合，使用する容器内部を清浄に保つとともに，試料面ができるだけ他のものに触れないよう扱うことが望ましい．試料を包む必要がある場合，しわを寄せたアルミホイルの非光沢面で包む（しわによって広い面積での接触を防止する）などの方法をとる．

　雰囲気からの汚染はガラスや金属などの無機物試料で特に顕著である．大気中にしばらく放置しておくだけで，炭化水素系の汚染物が付着する．このため，清浄化した無機物表面をその状態のまま測定するためには，できるだけ短

時間のうちに超高真空中に導入する必要がある．汚染除去のため，測定前にAr$^+$イオンエッチングを軽く行なうのも有効である．

3.4.2 装置への試料導入

　試料は試料台に乗せて装置の導入室に入れ，真空引きを行なう．試料台やその他超高真空に導入する部品は，汚染しないよう手袋をはめて取り扱う．

　試料の固定法には，クリップやねじなどで機械的に行なう方法，両面テープで粘着する方法，銀ペーストなどで接着する方法などがある．特に粘着剤，接着剤からの脱ガス（の試料面への付着）が問題になる場合には，機械的に留めるのが望ましい．なお，導電性の試料は，測定中の帯電防止のため，金属製の試料台に電気的に接触させ，グランドアースを取る．

　試料や試料台が磁化していると，光電子の軌道に影響を与え，アナライザーの分解能を低下させる．強磁性の試料や試料台のハンドリングにおいては，これらを帯磁させないよう，磁石付きのドライバーや磁化したピンセットの使用を避けねばならない．

　試料からの脱ガスにも注意が必要である．多孔質試料，溶媒を含む試料などは脱ガスが多く，超高真空中に導入できないことがある．そのような場合には，あらかじめ真空中で保管し，（必要によって温度を上げて）吸着ガスや揮発成分を減らしておくのが効果的である．試料量は必要最小限に抑えるのが望ましい．また，試料によっては冷却測定が必要となる．なお，試料にペンでマーキングすると，マーキングが真空中で蒸発・再付着して汚染原因になることがあるので，できる限り避け，ケガキなどで代用する．

3.4.3 測定の開始

　導入室が十分な真空度に到達したら，ゲートバルブを開けて試料を測定室に搬送し，測定位置・測定条件などを設定（通常はコンピュータ上で行なう）して測定を開始する．凹凸のある試料の場合，測定部位が，X線源，アナライザー，（用いる場合には）帯電中和銃のいずれの方向から見ても凸部の陰にな

らないように向きを工夫しなければならない．

絶縁性の試料では，帯電中和が測定上の重要ポイントとなる．光電子放出によって試料は正に帯電するため，ピーク位置は高結合エネルギー（高B.E.）側へシフトし，これが著しくなるとまったくスペクトルが得られなくなる．そこで，帯電中和銃によって電子を試料面に浴びせ，電子不足を補う．このとき，測定部に帯電量のバラツキ（Differential charging）が生じると，ピークが広がってエネルギー分解能が低下する．この現象は，表面が不均一であったり，凹凸があると顕在化しやすい．また，収束X線源を用いる装置では，X線スポット部のみが光電子を放出するため，その周囲の領域が帯電中和によって電子過剰となり，ドーナツ状に負に帯電する．これが測定部への電子供給を阻害することがある．この現象を防ぐには，測定部を残して試料を導体（アルミホイルなど）でくるむ，試料に金属メッシュを被せるなどの対策が有効である．また，電子と同時に数eVに加速したAr^+イオンを浴びせるのも効果的である[17-22]．

測定にあたっては，まず，検出元素を一通り確認するため，広いエネルギー範囲（例：B.E. 0～1000 eV）のスペクトルを取得する（ワイドスキャン）．次に，ワイドスキャンで見出された元素や着目する元素などについて，それぞれのピークを含む狭いエネルギー範囲を詳細に測定する（ナロースキャン）．代表的な例として，ポリエチレンテレフタレート（PET）フィルムのワイドスキャンを図3.7に，C1sとO1sナロースキャンを図3.8に示す．

元素によってはワイドスキャンに複数の光電子ピークが現われる．たとえば，ケイ素の場合，Si2sピーク（SiO_2においてはB.E.～152 eV）とSi2pピーク（同，B.E.～103 eV）が特徴的に出現する．このとき，通常はいずれか1本のピークを選んでナロースキャンを行なう．測定ピークの選定においては，比較的感度が高く，他の元素のピークと重なりがなく，かつ化学シフトのデータが揃っていることが基準となる．ケイ素の場合，他の元素とのピークの重なりがなければ，通常，Si2pピークを測定する．

試料によっては，測定中に，X線，熱（アノードの輻射熱が伝わる場合），あるいは帯電中和用の電子線によってダメージを受けることがある．たとえば，ニトロ基を含む化合物，フッ素系高分子などはX線による分解が著し

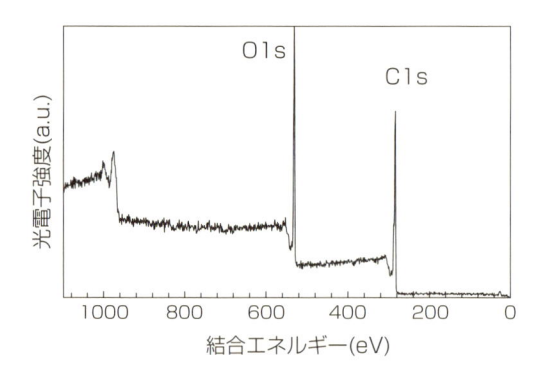

図 3.7 PET フィルムのワイドスキャン

【出典】High Resolution XPS of Organic Polymers, The Scienta ESCA 300 Database, Wiley (1992).

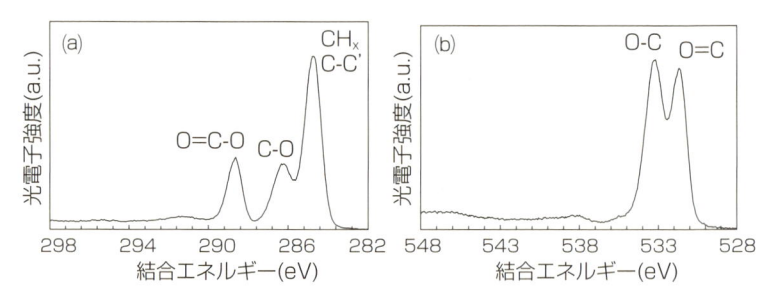

図 3.8 PET フィルムのナロースキャン

(a) C1s, (b) O1s.
【出典】High Resolution XPS of Organic Polymers, The Scienta ESCA 300 Database, Wiley (1992).

い[23]．このような場合，測定時間をできるだけ短縮するよう配慮するとともに，組成・化学状態の変わりやすい元素を先に測定するなどナロースキャンの順序にも工夫する．

3.4.4 データ処理[12, 13, 24-26]

得られたスペクトルは必要に応じスムージング，エネルギー軸補正，バックグラウンドの除去などを施してからピーク面積の計測，ピーク位置・形状の解

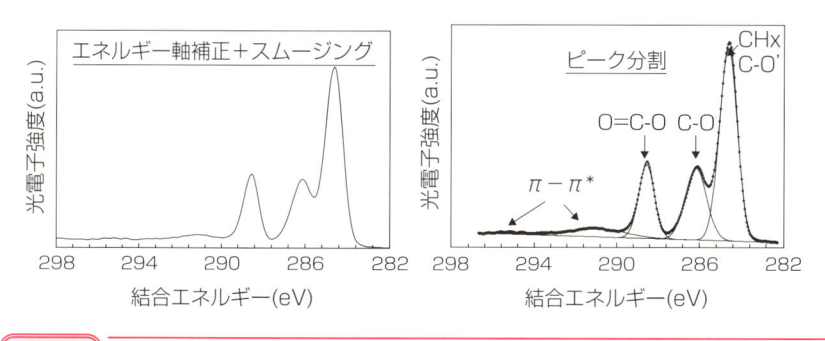

図 3.9 データ処理例（PET C1s）

図3.8の文献データを基に東レリサーチセンターで実施．

析を行なう（図3.9）．これらのデータ処理には，装置に付属するソフトを用いることが多いが，汎用の市販ソフトや自作ソフトなどでも可能である．なお，角度分解測定，デプスプロファイリングなどの高度な測定には，通常とは違った処理が要求される．

スムージングはデータのノイズを除去し，バックグラウンドレベルやピーク形状などを明確にする目的で行なう．特に積算カウント数が少ないスペクトルの場合，カウント数の統計的なバラツキによるノイズが目立つ．そこで，通常は重み付き移動平均などの方法を用いてスムーズなスペクトルに変換する．ただし，強いスムージングを行なうと，ピーク幅が広がり，もともと持っていた微細構造が失われる可能性があるため，注意が必要である．

XPSスペクトルの横軸（エネルギー値）は，装置と導通のある金属試料についてはフェルミ準位を基準とする絶対値が得られるが，それ以外の場合，何らかの基準をもとに補正する必要がある．よく用いられるのは，CH_x等に帰属される炭素のC1sピーク位置を基準（B.E.＝284.6 eVなど）にする方法である．無機物でも，表面には炭化水素系の汚染が存在することが多く，その炭素が基準になる[27]．

定量分析には，バックグラウンドを差し引いてピーク面積を算出する．バックグラウンド除去の方法としては，直線近似やShirley法[3,13]が一般に用いられる．光電子は試料内部でも発生しており，それが脱出までの過程でエネルギーを失うとバックグラウンドに現われることになる．一般に，有機物では，ピー

クから高B.E.側に離れてバックグラウンドが立ち上がるため，直線近似で良好な結果が得られる場合が多い．一方，金属では，連続的なエネルギー損失が起こるため，直線近似がうまく適用できない．Shirley法はこのような場合にも有効である．より厳密な方法としてTougaard法[12, 13)]が知られているが，広エネルギー範囲の測定データが必要となるため，手軽に使えるとは言い難い．

　ピークの解析には，ピーク面積の定量に加え，中心位置や半値幅の計測，ピーク分割（波形分離）などがある．ピーク分割はピークが複数成分から構成されるとき，これを各構成要素に分離する解析法である．通常，非線形最小二乗法を用いて要素ピークの重ね合わせを実測ピークにフィッティングさせる．各要素ピークの高さ，位置（B.E.），半値幅などがフィッティングパラメータとなる．要素ピーク間には，スピン・軌道相互作用による分裂（3.5.1項参照）など，面積比やエネルギー差が一定値になる場合があり，そのような拘束条件を設定してフィッティングを行なう．

3.5 スペクトルの解釈

3.5.1 ピークの同定

　ワイドスキャンで得られたピークがどの元素のどの軌道に属するものかは，ナロースキャンの前に同定しておく．ピーク位置をB.E.順にまとめた表を利用するか，コンピュータに自動的に同定させることが多い．このとき，その元素の他のピークが妥当な強度で現われていることを確認する．たとえば，B.E.～152 eVのピークをSi 2sに帰属するためには，B.E.～103 eVにSi 2pピークがあることを確かめておく．もしSi 2pが見つからない場合，先ほどのピークはアンチモンの4s（Sb 4s）ピークかも知れない（その場合には非常に強いSb 4dピークがB.E.～31 eVに認められる）．もちろん，複数元素のピークが重畳していることもありうる．

　光電子ピークは，しばしばスピン・軌道相互作用によって二つに分裂し，ダブレットになる．これはs軌道では起こらないが，p, d, f軌道で起こりうる．たとえば，Si 2pの場合，総角運動量1/2および3/2に対応するSi $2p_{1/2}$ ピークとSi $2p_{3/2}$ ピークとが約0.9 eV隔てて出現する．ピーク面積はそれぞれの状態数に比例し，1:2となる．Si 2pの場合，分裂が小さいので，分解能の制約から非対称なシングルピークに見えることが多いが，たとえばAu 4fの場合，Au $4f_{5/2}$ とAu $4f_{7/2}$ とが約4 eV離れて3:4の強度比で現われるのが観測される（図3.10）．

　前出のPETフィルムのワイドスキャン（図3.7）において，B.E.～285 eVのピークはC 1sに，B.E.～532 eVのピークはO 1sに同定される．PETは$C_{10}H_8O_4$の組成式を持つが，水素は感度が極端に低くXPSでは検出できないため，炭素，酸素のピークのみが認められる．C 2s, O 2sピークがそれぞれB.

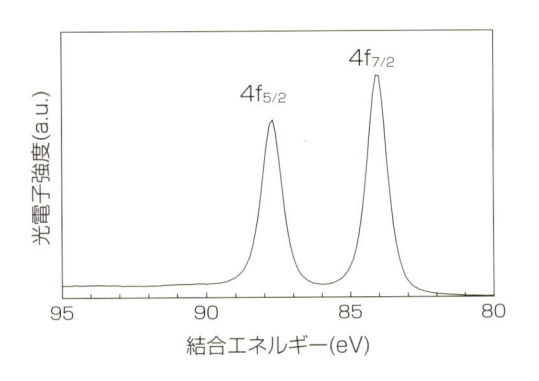

図3.10 Au 4f スペクトル

E.～18 eV，～21 eV に現われるはずであるが，やはり感度が低いため，明瞭には観測されていない．

XPS スペクトルには，オージェ過程によって生じたピークも観測される．オージェピークは元素固有の運動エネルギー（K.E.）を持つため，励起X線のエネルギーによってB.E.（光電子ピークであるとして換算した値）が変化する．得られたスペクトルを文献などと比較する場合，励起X線が異なるとオージェピークの位置が変わることに注意せねばならない．

XPSでは，価電子帯に相当するB.E.<20 eV を除くと，ほぼすべてのピークを同定することができる．帰属不明ピークが現われた場合，それがどういう過程によるものかを慎重に検討しなければならない．

3.5.2
定量分析[24-26]

XPSにおける光電子ピークの強度（ピーク面積）は，表面におけるその元素の濃度にほぼ比例すると考えてよい．これを利用して定量を行なうことができる．ただし，光電子強度の絶対値は表面の粗さや汚染によって大きく変わるうえ，X線源の出力やアナライザーの設定条件にも依存する．そこで，通常は，ピーク強度の比に基づいた議論がなされる．図3.7ではPETの構成元素として炭素と酸素のピーク（C1sおよびO1sピーク）が得られているが，この二つのピークの強度比にそれぞれの感度の補正を行なうことによって，O/C

比が 0.38（組成式からの理論値：0.40）と算出された．

　各軌道の感度補正値は，標準試料の実測値から求めるのが正確であるが，光イオン化断面積の理論値に装置関数を乗ずることにより，半経験的に算出することもできる．最近の装置では，付属の解析ソフトが感度補正値を内蔵しており，ピーク面積から原子数比や組成比が容易に算出できるようになっている．なお，光イオン化断面積は，束縛されている電子が光（X線を含む）で励起され飛び出して原子がイオン化する効率を表わす指標であり，その単位立体角あたりの微分断面積は，励起X線のエネルギー $h\nu$，偏光方向，およびX線の入射方向と光電子の放出方向とが成す角に依存する[13]．通常のXPS装置では，X線は非偏光で特定のエネルギーを持ち，X線入射方向と検出器との成す角度も固定されているため，光イオン化断面積は，測定条件に依存しない装置固有の値となる．また，装置関数は検出系の総合的な検出効率であり，光電子の運動エネルギーに依存し，電子レンズやアナライザーの設定条件によっても変化する．装置メーカーは半経験的に装置関数の計算式を定め，データ処理ソフトに組み込んでいる．

　XPSの検出感度は，光イオン化断面積と装置関数だけでなく，光電子の検出深さ（3.5.7項参照）にも依存する．検出深さは光電子のエネルギーと試料の材質によるため，材質が異なればそのエネルギー依存性にも差が出てくる．したがって，標品の測定から求めた感度補正値が常に正しいとは限らず，厳密には試料の材質による補正（マトリックス補正）が必要となる．ただし，炭素，酸素，窒素などを主体とする有機・高分子材料については，マトリックス補正なしでもおおむね1割以内の誤差で原子数比が得られると考えてよい．

3.5.3
化学シフトの解釈

　光電子は元素・軌道に固有のB.E.を持つが，そのエネルギーは原子の価数，近接原子との結合，周囲の環境等によって若干シフトする．たとえば，図3.8のPETフィルムのナロースキャンにおいて，C1sは，酸素と結合することによってピーク位置が高B.E.側にシフトし，しかもC−OよりCOO−に属する炭素のほうがシフト量が大きい．これは，簡単には次のように説明できる．酸

表 3.1　PET フィルム表面の炭素 C1s ピーク分割結果

結合エネルギー (eV)	帰属成分	割合（%）
290〜296	π–π* サテライト成分	8
288.6	COO	18
286.1	C–O	22
284.6	C–C, C＝C	52

注）π–π* サテライトについては 3.5.5 項参照．

素は炭素より電気陰性度が大きいため，酸素との結合によって炭素原子は電子を奪われ，正に帯電する．正に帯電した原子から電子を取り出すにはエネルギーが余計に要るため，B.E. は高くなる．C–O に属する炭素原子に比べ，酸素とより密接に結びついた COO– の炭素原子のほうが正の帯電量が多く，その分 B.E. も高い（表 3.1）．一方，O1s では，逆に，炭素からより電子を奪う C＝O のほうが C–O– に比べ低 B.E. 側に現われる．すなわち，より負に帯電したほうが B.E. は低くなる．

3.5.4
ピーク形状および半値幅

　XPS において，化学状態が均一であるとき，光電子スペクトルのピーク幅は主に下の要因で決定される[10-15]．

① 光電子放出過程における終状態（電子が抜けた状態）の寿命
② 励起 X 線のエネルギー幅
③ 光電子の発生・脱出過程におけるエネルギー損失（金属試料などの場合）
④ 分光器の透過特性

　①は光電子ピークの自然幅であり，励起状態が本来持っているエネルギー幅に相当する．光電子放出によって内殻電子が抜けた状態は不安定であり，その

空孔はすぐに他の（低い B. E. を持つ）電子によって埋められる．このときの時間スケール（空孔の寿命）を τ で表わすと，エネルギー幅 ΔE は，不確定性原理より，$\Delta E = \hbar / \tau$ で与えられる．たとえば，XPS のエネルギー分解能チェックによく用いられる $Ag3d_{5/2}$ ピークの場合，自然幅は約 0.35 eV である．

②の X 線幅は，単色化しない X 線源については用いる特性 X 線に固有である．Mg Kα，Al Kα はそれぞれ 0.65 eV および 0.85 eV の X 線幅を持つ．単色化 X 線源の場合は X 線分光系の特性に依存する．

③は金属試料などで，フェルミ準位付近の電子・正孔対生成によるエネルギー損失がピーク幅を広くする現象である．ピークは高 B. E. 側へと広がるため，非対称なピーク形状になる．

④の電子線分光器の透過特性による幅は，静電半球型アナライザーの場合，アナライザーの透過エネルギーに比例する．CAE モード（3.3.2 項参照）で測定する場合，透過エネルギーを小さく設定するほど高分解能が得られる．ただし，引き替えにアナライザーの透過率が低くなり，信号強度は低下する．

代表的な光電子ピークの形状は，ローレンツ関数とガウス関数の畳み込み（Convolution）で与えられる．この関数はフォークト関数と呼ばれ，元のガウス関数の幅（ガウス幅）が狭い場合にはローレンツ関数的になり，逆にガウス幅が広い場合にはガウス関数的になる．一般に，分解能の良い装置を用い，シャープなピークを測定すると，ローレンツ関数的なスペクトルになる．

なお，雑多な化学種が存在する表面では，化学シフトが少しずつ異なる成分が重なって，ピーク幅は広くなる．この場合，ピーク形状はガウス関数に近づくことが多い．

3.5.5
サテライト

単一化学状態に属する単一元素・軌道のピークが複数現われることがある．このとき，最も強度の大きなピークをメインピーク，それ以外をサテライトピークと呼ぶ．XPS スペクトルにはさまざまなサテライトピークが出現する．その主なものは次の通りである．

(1) X線サテライト

励起X線が複数のエネルギーを持つ場合に起こり，単色化したX線では起こらない．たとえば，Mg Kα線を励起に用いる場合，最も強度の高いX線はMg K$α_{1,2}$線（$h\nu = 1253.6$ eV）であるが，K$α_{3,4}$線やKβ線も同時に発生する．これらによって励起された光電子ピークは，それぞれ 8.2 eV および 50 eV 低 B.E.側に現われる．さらには，X線発生装置のマグネシウムアノードの表面が酸化すると，酸素のKα線が発生し，高 B.E.側に微弱なサテライトが出現することがある．

(2) エネルギー損失によるサテライト

光電子のうち，非弾性散乱を受けてエネルギーを失ったものは，一般にバックグラウンドに寄与する．ただし，特定のエネルギー損失を伴う過程が支配的であると，高 B.E.側にサテライトピークを形成することがある．プラズモン励起はその一例である（図 3.11）．

プラズモン励起は，光電子発生過程でも（イントリンシックサテライト），表面までの輸送あるいは表面からの脱出過程でも（エキトリンシックサテライト）起こり得る．前者はピーク面積の算出においてメインピークに合算すべきものであるが，実用的には両者を区別せず，ピーク面積の定量から外すことが多い．

(3) 共役系におけるシェイクアップサテライト

ベンゼン環などの共役系において，光電子発生時に，π軌道の電子が非占有のπ*軌道に励起されることがある．このとき，励起エネルギー分（ベンゼン環の場合約 6 eV）だけ高 B.E.側にサテライトが現われる（図 3.9 参照）．

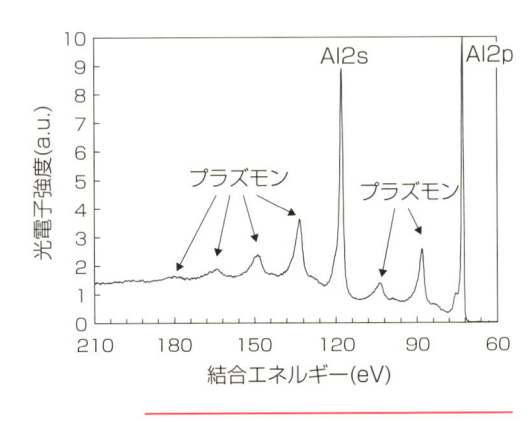

図 3.11 プラズモン励起によるサテライトピーク（アルミニウム）

一般に，光電子発生時に外殻電子の励起を伴う過程をシェイクアップと称し，とくに前述の過程によるピークをπ–π^*シェイクアップサテライトピークと呼ぶ．シェイクアップサテライトはピーク面積の計測時にメインピークに合算する必要がある．

(4) 電荷移動サテライトおよび交換分裂

遷移金属等の元素は，占有軌道の内側に非占有軌道があるような電子配置をとることがあり，その場合，光電子ピークが複雑なサテライトを伴う．サテライトの現われ方は価数，電子状態を敏感に反映するので，これを状態分析の指標にすることができる．サテライト生成原因として，以下の過程が知られている．

① **電荷移動サテライト**：結合した原子間の電子移動によってサテライトが発生する．たとえば，二価の酸化銅（CuO）では，Cuの最外殻の電子配置は$3d^9$であり，3d軌道に空準位がある．X線によってCu2p軌道が励起されたとき，3d軌道のエネルギーが下がるため，ここに結合相手の酸素の2p軌道の電子が移動することができる．その結果，終状態として，$Cu3d^9O2p^6$と$Cu3d^{10}O2p^5$の二つが可能であり，後者（メインピーク）のCu2pピークは前者（サテライトピーク）より低B.E.側に現われる．類似のサテライトは遷移金属化合物に一般的に見られるが，3d遷移金属では3dが閉殻となるCu^+やZn^{2+}には現われない．

② **交換分裂**：外殻に不対電子があると，外殻不対電子のスピンと，光電子励起によって生成した内殻不対電子のスピンとの相互作用によってエネルギーの異なる終状態が生じ，サテライトが現われる．CuOの例で言えば，$3d^9$の電子配置に対応するCu2pのサテライトピークは，3d軌道の不対電子によって交換分裂を起こす．一方，$3d^{10}$の配置に相当するメインピークは外殻不対電子を持たないため交換分裂を起こさない．

3.5.6
価電子帯スペクトル

低B.E.領域（B.E.<20 eV）のXPS測定によって，価電子帯のスペクトルが得られる．価電子帯は主に化学結合に寄与する軌道から形成されており，軌道間の相互作用によって複雑な構造をとる．価電子帯スペクトルの厳密な解釈には高度なシミュレーション計算が必要であるが，標品との比較などによって，定性的な情報を得ることは比較的容易である．たとえば，ポリエチレンとポリプロピレンのXPSスペクトルには，価電子帯を除くとC1sピークしか出現せず，その位置・形状は非常に似通っていて両者を区別できない．ところが，価電子帯の構造は大きく異なっており，これを手がかりにして区別することが可能である（図3.12）．

価電子帯の光電子スペクトル測定には，紫外光を励起光源とする紫外線光電子分光法（UPS: Ultraviolet Photoelectron Spectroscopy）がよく用いられる．UPSで使用される光源としては，ヘリウムの共鳴線であるHe I（$h\nu$＝21.2 eV）やHe II（$h\nu$＝40.8 eV）が一般的である．UPSは，XPSに比べ，価電子帯の検出感度が高く，かつエネルギー分解能も高いため，詳細な解析が可能なスペクトルを取得できる．一方，UPSには，励起エネルギーが低いため内殻電子が励起できず，組成情報が得られないという欠点がある．そこで，多くの場合，同じ装置で両測定ができるようになっており，内殻はXPS，価電子帯はUPSでそれぞれ測定するというように使い分けされる．

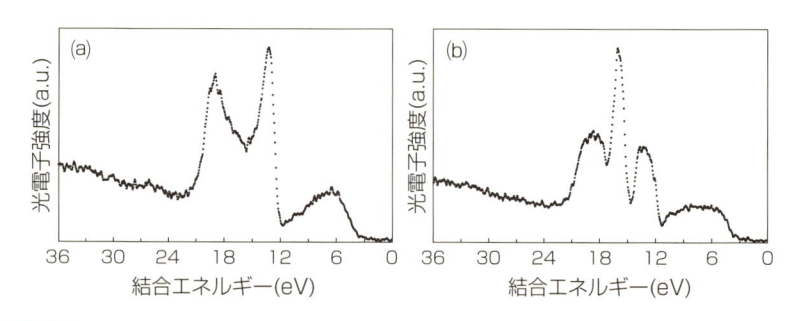

図3.12 ポリエチレン（a）とポリプロピレン（b）の価電子帯スペクトル

3.5.7
検出深さについて

XPS の検出深さは，光電子が脱出する際の非弾性平均自由行程（IMFP：Inelastic Mean Free Path）で決まる．IMFP は物質と電子の運動エネルギーとに依存し，XPS で用いられるエネルギー範囲（K.E.100～1500 eV）の電子についてはおおよそ 0.3～3 nm の範囲に入る．一般に密度が低い物質，軽元素からなる物質で IMFP が長くなる傾向がある．また，電子の運動エネルギーへの依存性については，図 3.13 に示すように，20～100 eV 付近で最小値を取ることが知られている[28]．

IMFP を λ と表記すると，深さ z において発生した光電子の強度は，表面に達するまでに $\exp(-z/\lambda\sin\theta)$ に減衰する．ここで，θ は光電子の進行方向が表面と成す角度であり，脱出角（take-off angle）と呼ばれる．この式からわかるとおり，光電子検出確率は，z が大きくなればなるほど急速に小さくなる．95% の情報は $z_{95}≈3\lambda\sin\theta$ までの深さから得られることから，この z_{95} を 95% 情報深さと呼び，検出深さの目安とする．

均一な物質の場合，各深さで発生した光電子の減衰を考慮し，積分して得られる光電子強度は，表面から深さ $\lambda\sin\theta$ までの範囲で発生する光電子強度と等価になる．したがって，強度の面からは，$\lambda\sin\theta$ までの深さの領域を検出していると考えてよい．

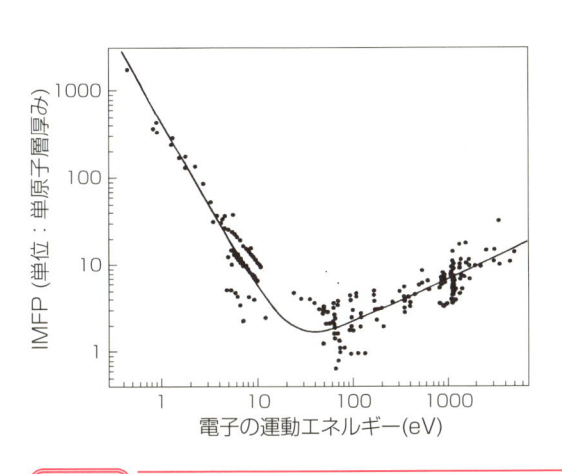

図 3.13 電子の非弾性平均自由行程（IMFP）

【出典】M. Seah, W. Dench: *Surf. Inter. Anal.*, **1**, 2（1979）．

3.6 高度な測定法

3.6.1 角度分解測定

3.5.7項で述べたとおり，XPSの検出深さは脱出角 θ に依存する．したがって，試料面と光電子検出方向とが成す角を変えることによって検出深さを変化させることができる．このことを利用して元素や化学種の深さ方向分布に関する情報を得るのが角度分解測定である．測定には，ゴニオメーターステージなど，検出系に対する試料の傾きを変化させる機構が用いられる．

図3.14はシリコンウエハ表面を $\theta=90°$ および45°，30°のおのおのの角度で測定したときのSi2pピークの比較である．メインピークはシリコンウエハ起因の0価のSi（Si^0）によるものであり，B.E.〜103.2 eVのピークは表面に形成された自然酸化膜によるものである．$\theta=30°$ で SiO_2 成分が多く見えるのは，内部が Si^0 で表面が SiO_2 膜という試料構成による．すなわち，脱出角を小さく取り，検出深さを浅くしたほうが表面の SiO_2 をより敏感に検出できる．

図3.15に示すように，理想的な2層モデルを仮定すると，角度分解測定か

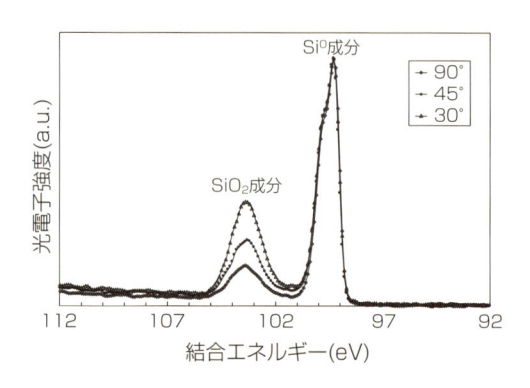

図3.14 シリコンウエハ表面の角度分解測定（Si2pピーク）

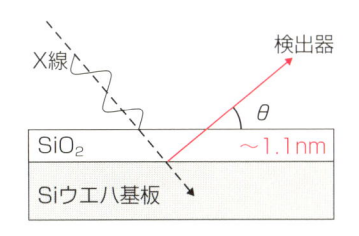

Chapter **3** X線光電子分光法（XPS, ESCA）

図 3.15 2層モデルによるシリコンウエハ表面の自然酸化膜の解析

らSiO$_2$膜の膜厚dを算出することが可能である．図3.14の実測結果を理論式[28]に当てはめると，$d=1.1$ nm が得られた．

多数の脱出角における測定結果から，計算で深さ方向プロファイルを求める試みがなされている．また，測定においては，検出系に工夫を凝らし，同時に多角度のデータを取得できる装置が市販されている．深さ方向プロファイルの算出には最大エントロピー法（MEM）を用いるのが一般的になりつつあるが，系によっては必ずしも正しい結果が得られない点に注意が必要である．

なお，95% 情報深さは最大で3λ（$\theta=90°$）であり，角度分解測定で検出可能な深さには上限があることに注意しておく．さらに深部の情報を取得するには，次項で述べるエッチングの併用が必要になる．

3.6.2
スパッタエッチングによるデプスプロファイリング

エッチングによって表層を削除し，現われた面をXPS測定することによって，表面からの測定では検出できない内部の情報を得ることができる．同じ測定点についてXPS測定とエッチングとを交互に繰り返すことによって，深さ方向プロファイルが得られる（デプスプロファイリング）．

エッチングには，一般に，Ar$^+$イオンを数keV程度に加速して試料表面に照射する方法が用いられる．このエネルギーでは，Ar$^+$イオンは試料表面の原子をはじき飛ばすようにして最表層を除去する．ただし，一部のAr$^+$イオンは試料に潜り込み，XPS測定で検出される．

エッチング速度は，試料の材質，イオンビームの流束，加速エネルギー，入射角等によって変化する．実際の測定では，毎分1～10 nm程度に設定するの

がコントロールしやすい．また，測定領域を均一にエッチングするため，Ar^+イオンビームを走査する方法がしばしば用いられる．

図3.16にAr^+イオンエッチングによるシリコンウエハの深さ方向プロファイルを示す．この試料は，表面に，図3.14のものに比べて厚い酸化膜（SiO_2膜）を持つ．表面からしばらくはSiO_2として妥当な組成になっている（すなわち，内部のSi^0は検出されない）が，一定深さ以降，酸素がなくなり，Siのみが検出されている．

深さ方向プロファイルの横軸は（累積）エッチング時間で表示されるが，これを深さに換算することもできる．換算には，あらかじめ標準試料（SiO_2膜など）で求めておいたエッチング速度を用いる方法，測定後，エッチングによってできた窪みの深さを表面粗さ計などを使って測定し，その結果をもとに行なう方法などがある．エッチング速度は，イオン照射条件だけでなく，試料組成によっても変化するため，エッチング速度が深さによらず一定であると仮定した換算は厳密には正しくないことに注意する．

エッチングによって組成や化学状態が変化することはデプスプロファイリングの大きな制約となる．たとえば，フッ素や酸素は金属元素に比べてエッチングされやすい傾向を持つ（選択エッチング）．また，SiO_2はエッチングによる組成変化が目立たないが，TiO_2をエッチングすると，Oが減少し，Tiが還元

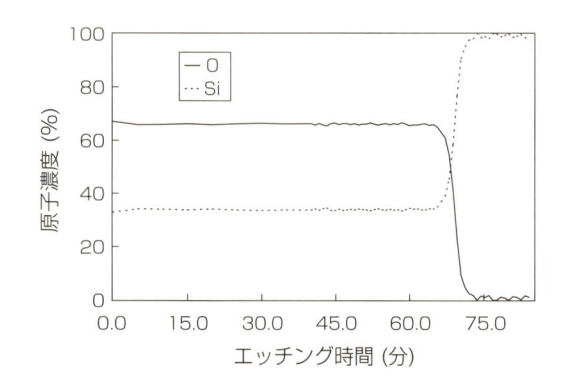

図 3.16 シリコン基板上熱酸化膜の深さ方向プロファイル

Chapter 3　X線光電子分光法（XPS, ESCA）

された状態となる．

　一般に，有機物はエッチングによって炭化することが多い．このような変性を低減し，化学状態をほぼ保った測定面を得るため，最近，Ar^+の代わりにC_{60}^+イオンを用いるエッチング技術が実用化された．これによって，有機物のデプスプロファイリングが大きく進歩した．

　XPSによるデプスプロファイリングの深さ分解能は，光電子の検出深さを超えることはできず，さらに，エッチングの不均一さ，エッチング時のミキシングやノックオン（3.3.6項参照）などによって低下する．加えて，エッチングが進むにつれてエッチング面の荒れや湾曲，ミキシングなどが大きくなり，深さ分解能は低くなる傾向にある．

3.6.3
気相化学修飾法[29-31]

　有機材料などの分析において，表面の官能基の情報が必要となることがしばしばある．化学修飾法は，目的とする官能基にラベル化試薬を選択的に反応させ，反応後の表面を測定することによって官能基を検出，定量する方法である．化学シフトだけで区別できない官能基，特に反応性の官能基の検出・定量に有効である．中でも，ラベル化処理を液相ではなく気相で行なう気相化学修飾法は，標準試料による反応の選択性と反応率の確認，溶媒影響（試料相互の汚染，試料の膨潤，試薬の残留など）の回避が可能であり，XPSの前処理によく用いられている．

　表3.2に代表的な気相化学修飾法の反応式を示す．−COH，−COOH，第1アミン等の官能基をラベル化する方法が知られている．フッ素を含むラベル化試薬を用いるのは，XPSにおいてフッ素の検出感度が高いため，微量の官能基を精度良く検出できるからである．ただし，フッ素系の有機物の分析に用いることができない点には注意を要する．

3.6.4
微小部測定

　XPSの微小部測定には，大きく分けて，入射X線を絞る方法と，検出系の

表 3.2 気相化学修飾法によるラベル化反応

官能基	反応式	標準試料
カルボキシ基	gas-CF$_3$CH$_2$OH R-COOH ────────→ R-COOCH$_2$CF$_3$	ポリアクリル酸
ヒドロキシ基	gas-(CF$_3$CO)$_2$O R-OH ────────→ R-OCOCF$_3$ + CF$_3$COOH gas-(CF$_3$CO)$_2$O =NH ────────→ =NCOCF$_3$ + CF$_3$COOH	ポリビニルアルコール
第1アミン	gas-C$_6$F$_5$CHO R-NH$_2$ ────────→ R-N=CHC$_6$F$_5$	ジアミノジフェニルエーテル

CF$_3$CH$_2$OH：トリフルオロエタノール（TFE）
(CF$_3$CO)$_2$O：無水トリフルオロ酢酸（TFAA）
C$_6$F$_5$CHO：ペンタフルオロベンズアルデヒド（PFB）

検出範囲を絞る方法とがある．前者には，おもに，単色化を兼ねたX線集光系が利用される（3.3.1項）．このとき，検出領域に相当するX線スポットの径は，アノード上の電子線スポット径と集光系の性能とによって決まる．電子線スポットを小さくすると発熱集中によってアノードが局所的に溶融するため，X線の出力が制限される．実用的な出力が得られるX線スポット径として，10 μmを下回るものが市販装置で実現されている．一方，後者は，検出系に電子レンズおよび絞りを入れることによって実現される．この場合，X線の流束は変わらないので，検出エリアを小さくすると，その面積に比例して信号強度も低下する．また，測定スポット以外の部分にもX線が当たるため，試料面の広い範囲がX線ダメージを受けることになる．ただし，比較的簡単に高空間分解能が得られる，検出系の工夫によって，単なる微小部測定にとどまらず，光電子イメージングも可能になるなどの利点がある．

3.6.5
放射光の利用

放射光の利用により，高輝度で平行性が高く，エネルギーや偏光特性を制御したX線が得られる．放射光を励起光源とするXPSは本書の範囲を超えるため，測定系や測定方法の詳細については他書に譲るが，例として以下のような

測定が可能となることを挙げておく[32-33]．

(1) 連続光の利用

　放射光では連続スペクトルを持つX線が得られるため，分光器を利用してX線エネルギーを変化させることができる．光電子の運動エネルギー（K.E.）はX線エネルギーに依存する（式3.1）ため，光電子のK.E.を変え，IMFPを制御することが可能になる．また，材料を構成する特定元素の吸収端近傍で励起することにより，たとえば，価電子帯の特定の原子軌道を選択的に励起させて結合状態に関する詳細な知見を得ることができる（共鳴光電子分光[34]）．

(2) 硬X線を利用したXPS

　XPSで通常用いられるAl Kα線，Mg Kα線よりエネルギーの高いX線（硬X線）を用いることにより，Si 1sなどの深い準位を励起することができる．また，光電子の運動エネルギーが大きくなるためIMFPが長くなり，深い領域からの情報が得られる．なお，実験室レベルでも，同じ目的でCr Kα線（$h\nu$=5414.7 eV）などを用いる試みがなされている．

(3) 微小部XPS

　放射光は高輝度で平行性の高いX線が得られるため，微小部測定に適した光源である．スリットやゾーンプレートを用いたX線レンズで数ミクロンレベルまで小さく絞ったX線と光電子顕微鏡（PEEM: Photoemission Electron Microscope）を組み合わせて，サブミクロンレベルの顕微分光や光電子マッピングによる解析を行なう技術開発が進められている[35-37]．

(4) 偏光の利用

　放射光は，偏光特性（直線偏光や円偏光）を自由に制御できる．この特徴を利用し，直線偏光X線を励起光とする角度分解XPS測定を行なうことによって，単結晶などの清浄表面について，光学遷移の選択則から始状態の対称性（構成する原子軌道）や最表面に吸着している分子の結合状態などを詳しく調べることができる[38-39]．

3.7 応用例

3.7.1 高分子材料

　プラスチックの耐光性向上のために，紫外線による劣化機構の解明が重要である[31]．本項では，PETへの紫外線照射による表面の構造変化をXPSで解析した事例について紹介する[40]．

　試料は，ペレット状のPETに紫外線（UV）を大気中で照射して作製した．照射光のピーク波長は，184.9 nmおよび253.7 nmである．なお，大気中で紫外線照射を行なったので，紫外線だけでなく同時に発生するオゾンも影響を及ぼした可能性がある．

　XPSにより得られた原子数比を表3.3に示す．紫外線照射後は酸素量および窒素量の増加が確認された．また，照射時間が長いほど，酸素量の増加が著しいことがわかった．紫外線照射前後のC1sスペクトルを図3.17に示す．炭素の化学状態について，未照射のピークはベンゼン環（CH_xも含む），C−O（エーテルまたはヒドロキシ基），COO（エステルまたはカルボキシ基）に帰属され，共役系の存在を示唆する$\pi-\pi^*$シェイクアップサテライトピークも認められる．ピーク分割結果より，紫外線を3分間照射した試料では，C−O成分およびCOO成分がやや増加しているものの，PETの化学構造をある程度保持していることが推測される．一方，紫外線を30分間照射した試料では，C＝O（カルボニル基）やCOOなどが増加している．また，照射時間とともに増加する窒素は，アミンやアミドなどの有機系窒素に帰属された．

　本試料に気相化学修飾法（3.6.3項）を適用し，ヒドロキシ基およびカルボキシ基の定量を行なった結果を表3.4に示す．紫外線照射により，両官能基ともに増加していることが確認された．また，照射時間が長いほど官能基の増加

Chapter 3　X線光電子分光法（XPS, ESCA）

表 3.3　紫外線照射前後の PET 表面の原子数比

照射時間	N/C	O/C
未照射	—	0.38
UV 3 分照射	0.003	0.45
UV 30 分照射	0.018	0.58

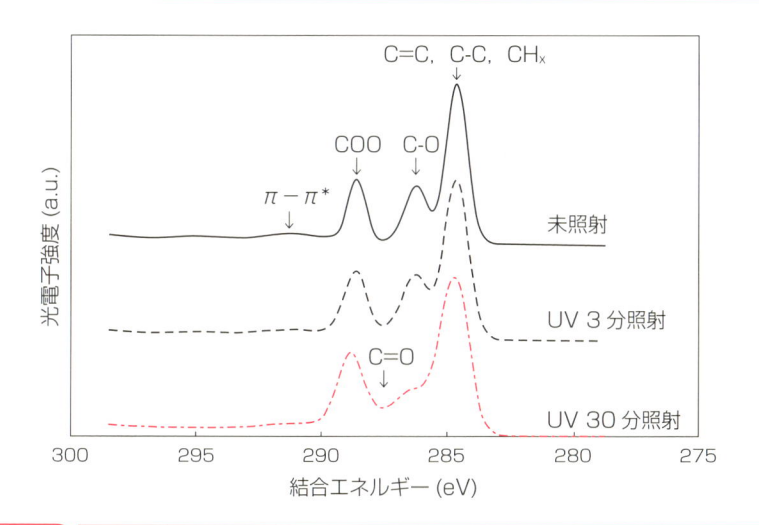

図 3.17　PET の紫外線照射後の C1s ピーク

表 3.4　紫外線照射前後のヒドロキシ基量とカルボキシ基量

照射時間	ヒドロキシ基 COH/C [total]	カルボキシ基 COOH/C [total]
未照射	0.004	0.001
UV 3 分照射	0.007	0.011
UV 30 分照射	0.014	0.030

は顕著であり，今回の紫外線照射条件ではヒドロキシ基よりもカルボキシ基のほうがより多く生成したことがわかる．

85

3.7.2
炭素材料

炭素材料のXPS分析では，解析において一般の有機材料とは異なる注意が必要である．図3.18にカーボンブラック"Vulcan XC-72 R"のワイドスキャンを示す．表面には炭素に加えて酸素が存在することがわかる．ナロースキャンから得た原子数比はO/C=0.02である．この酸素は，主に表面官能基によるものであると考えられる．

一般の有機材料では，C1sピークのピーク分割から表面の官能基を解析する方法が一般的である[6, 41)]が，炭素材料については特有のピーク形状に伴う困難が生じる．すなわち，グラファイト構造を有する物質のC1sピークは，高B.E.側に裾を引く非対称な形状をしており，この裾にC-O-，COOなどの官能基のピーク位置が重なる（図3.19）．炭素材料の表面官能基については，マトリックス樹脂との接着性が特に問題となる炭素繊維において詳細に研究されており[42-44)]，メインピークの非対称性を考慮したピーク分割や気相化学修飾法[29-31)]を併用する方法などが実用化されている．

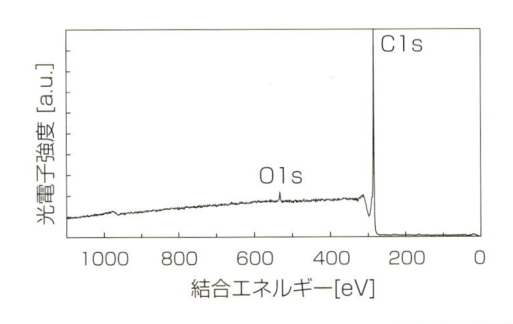

参考までに，炭素および水素からなるいくつかの物質のC1sピーク形状を図3.20に示す．炭素原子がすべてsp^3の電子配置を持つポリエチレンでは，ピーク形状はほぼ対称である．一方，ポリスチレンでは，ベンゼン環によるπ-π*シェイクアップ（3.5.5項参照）によって，メインピークから約6 eV高B.E.側にブロードなサテライトピークが現われる．アセチレンブラックなど

図3.18 カーボンブラック"Vulcan XC-72 R"のワイドスキャン

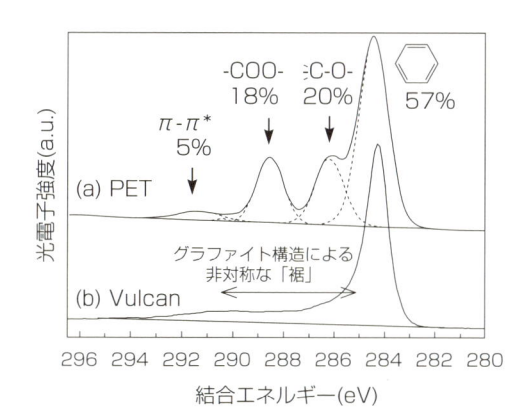

図 3.19　PETとカーボンブラックのC1sナロースキャン

(a) PET, (b) カーボンブラック"Vulcan XC-72 R".

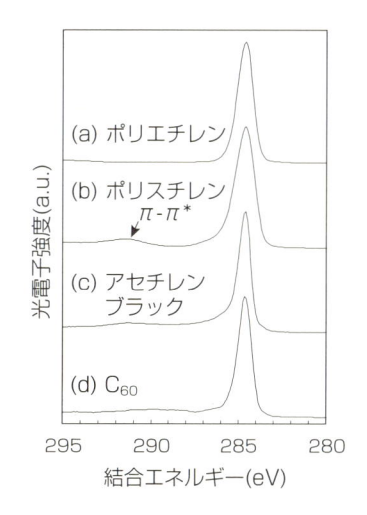

図 3.20　さまざまな物質のC1sピーク形状比較

(a) ポリエチレン, (b) ポリスチレン, (c) アセチレンブラック, (d) C_{60}.

のカーボン材料においては，グラファイト構造の発達によってメインピークの半値幅が狭くなり，またメインピーク形状が非対称になる．なお，図 3.20 ではエネルギー軸補正としてメインピークの位置を 284.6 eV に合わせたが，実際には sp^2 炭素のピーク位置は約 0.6 eV 低 B.E. 側にあり，これを利用して sp^2/sp^3 比を求める方法が実験[45]および計算[46]から提唱されている．さらに，フ

ラーレンやカーボンナノチューブでは，C1s ピークの「裾」の部分に興味深い構造が見られる[47]．

3.7.3 ディスプレイ

近年，省スペースで画面が平らなフラットパネルディスプレイが表示デバイスの主流となった．ここでは，その中で最も一般的な液晶ディスプレイの XPS による微小部分析事例を紹介する[48]．

液晶ディスプレイは，電場による液晶分子の配向変化により，光の透過特性が変わることを利用して画像を表示する．そのため，素子中で液晶分子が規則正しく配列することが必要であり，これを実現するために，ポリイミドを主体とする高分子配向膜を，ITO (Indium Tin Oxide) 透明電極上に塗布し，これに配向機能を付与するためのラビング処理を施すのが一般的である．きめ細かな画像を得るために，素子は微細化されている．本事例では，市販の液晶ディスプレイを分解し，配向膜を化学的に除去した素子基板の微小部を XPS によって評価した．

図 3.21 に分解した液晶ディスプレイ素子の光学顕微鏡写真を示す．この領域中の ITO 電極部を明らかにするため，XPS による In $3d_{5/2}$ ピークの光電子イメージング測定を行なった（図 3.22）．明るい部分はインジウムが存在する ITO 電極部である．暗い部分を構成する成分を確認するため，図 3.22 中に示

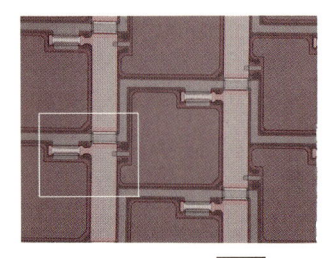

図 3.21 液晶ディスプレイ素子の光学顕微鏡写真

Chapter 3　X線光電子分光法（XPS, ESCA）

図3.22　液晶ディスプレイ素子のIn3d$_{5/2}$の光電子イメージ

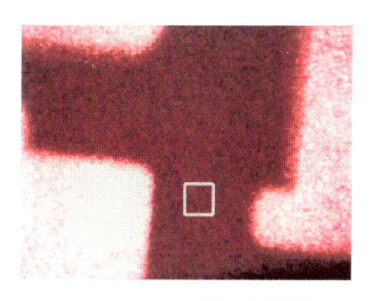

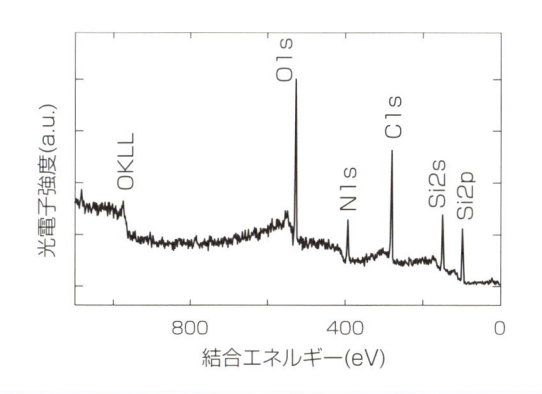

図3.23　15μm×15μm部位のワイドスキャン

された15μm×15μmの範囲についてワイドスキャン（図3.23）を測定したところ，炭素，酸素，窒素，ケイ素が検出され，インジウムは検出限界以下であった．また，窒素のN1sナロースキャン（図3.24）より，検出された窒素とケイ素は，絶縁膜の窒化ケイ素由来であることが確認できた．さらに，N1sのメインピークの高B.E.側にイミド由来のピークが認められたことから，化学処理によって除去しきれなかったポリイミド配向膜が，表面にわずかに残存していることも確認できた．このような微小部の残渣成分は，飛行時間型二次イオン質量分析法（TOF-SIMS）により定性評価されることが多いが，定量評価が必要な場合，XPSによる微小部分析が有効である．

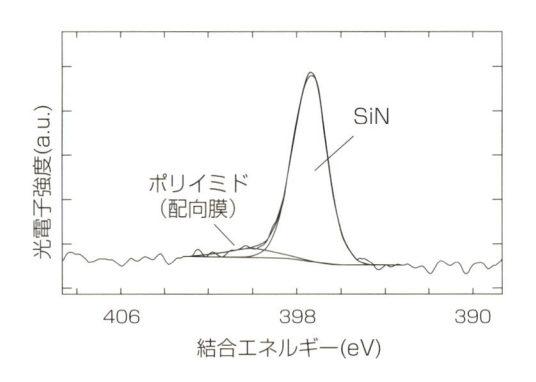

図 3.24 15μm×15μm 部位の N1s ピーク分割

3.7.4
固体高分子形燃料電池

固体高分子形燃料電池（PEFC: Polymer Electrolyte Fuel Cell，図3.25）は，イオン伝導性高分子膜を電解質として用いる燃料電池であり，小型で低温動作可能，負荷変動への良好な追随性などの特徴を持つ．このため，家庭用，自動車用の次世代電源として急ピッチで開発が進められている．PEFC の触媒層には，白金系触媒をカーボンに担持し，バインダーを加えたものが用いられてお

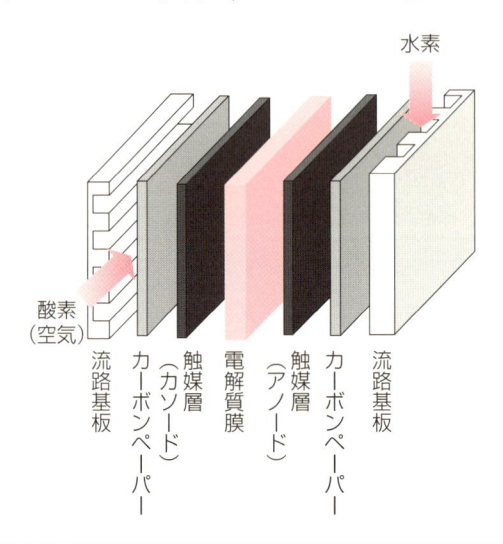

図 3.25 固体高分子形燃料電池（PEFC）の構造

り，PEFC の発電特性向上と低コスト化のために，触媒の高性能化が大きな課題となっている．本項では，触媒に及ぼす熱の影響を調べるため，白金担持カーボンと Nafion® バインダーで構成される触媒層について，大気中で 120℃ と 200℃，おのおの 8 時間の熱処理を行ない，白金の状態変化を XPS によって調べた事例を紹介する[49]．

電極触媒層の Pt4f ピークの比較を図 3.26 に示す．未処理，120℃，200℃ の全水準で，触媒表面の白金の主成分は金属（Pt^0）であった．ただし，Pt4f ピークを詳細にみると，熱処理を行なった水準は，高 B.E. 側に 2 価成分（Pt^{2+}）によると見られる膨らみを持っており，加熱温度が高いと，Pt^{2+} がわずかながら増加する傾向が見られた．すなわち，熱処理によって，触媒である白金がわずかながら酸化するものと考えられる．

なお，XPS は，PEFC に関し，本事例の触媒層の評価以外に，高分子電解質膜表面の劣化評価などにもよく用いられる．

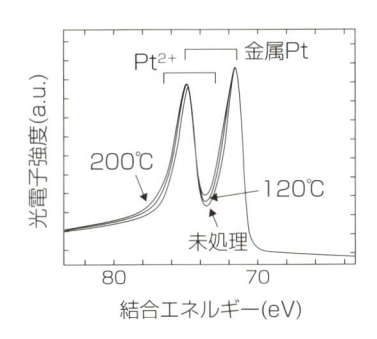

図 3.26 PEFC 電極触媒層の Pt 4f ピーク比較

3.8 まとめ

　XPSの検出深さに対応する表面から約10 nmまでの極表層は，接着性や化学反応性，摩耗・摩擦特性など材料の重要な性質を担っており，また材料の改質処理や使用時の劣化などにおいて真っ先に変化することが多い領域である．それゆえ，XPSは，材料の特性把握や劣化評価に不可欠な手法であるといえる．また，有機材料・無機材料の別や導電性の有無を問わず適用可能であり，かつ，測定を行なえば表面のおおよその元素組成と検出元素の化学状態に関する情報とが得られる．このように間口が広く確実性が高いことから，よくわからない問題に対する最初のステップとしてしばしば利用される．XPSで調べた結果，たとえば表面に存在する有機物が原因であればその構造をTOF-SIMSで詳細に調べ，金属の酸化膜厚が異常であればオージェ電子分光法（AES）で膜厚分布を微視的に調べる，といった展開が考えられる．もちろん，XPSだけで解決する問題も多い．

　歴史が比較的古い手法ではあるが，近年の技術面の進歩，特に空間分解能の向上，硬X線励起による深部検出，新規エッチング手段による深さ方向分析などには目をみはるものがある．空間分解能は，これまでも着実に向上してきたが，最近，光電子顕微鏡の検出部分に静電半球型アナライザーを2個直列で組み合わせ，通常のX線源で650 nm，放射光利用では200 nm以下の分解能のイメージング測定が実現された[50]．硬X線利用については，6〜8 keVのX線を励起源とし，検出深さを4〜5倍にして，従来のXPSでは検出できない，「埋もれた界面」やバルク特性の測定がなされている[51]．さらに実用面で重要なのが，クラスターイオンビームを用いたデプスプロファイリングである．3.6.2項においてC_{60}^+イオンによって有機物の損傷が低減されることを述べたが，最近，さらに効果が高いガスクラスターイオン銃（Ar_n^+などのクラス

ターイオンを用いる）が実用化された[52]．これまで，有機物試料のスパッタエッチングは著しい変性を招くことが避けられなかったが，その常識が書き換えられつつある．

　表面分析技術の進歩とあいまって，材料の特性制御がますます精密化し，両者の積としての応用展開は，今後も疑いなく急速に進展し続けるであろう．その中で，XPSの果たす役割はこれまで以上に重要なものとなるのは間違いない．汎用性の高さと普及が進んでいることから，XPSは，表面分析法の中で最も広い応用分野を持つが，今後の開拓を待つ領域もまた広大である．

参考文献

1) K. Siegbahn, C. Nordling, A. Fahlman, R. Nordberg, K. Hamrin, J. Hedman, G. Johansson, T. Bergmark, S-E. Karlsson, I. Lindgren, B. Lindberg : *ESCA, Atomic, Molecular and Solid State Structure Studied by Means of Electron Spectroscopy*, Almqvist and Wiksells Boktrckeri AB, Uppsala（1967）．
2) K. Siegbahn, C. Nordling, G. Johansson, J. Hedman, P.F. Hedén, K. Hamrin, U. Gelius, T. Bergmark, L.O. Werme, R. Manne, Y. Bear : *ESCA, Applied to Free Molecules*, North-Holland, Amsterdam-London（1969）．
3) D. Briggs, M. P. Seah Eds. : *Practical Surface Analysis by Auger and X-Ray Photoelectron Spectroscopy*（2 nd ed.），John Wiley & Sons, Chichester, England（1990）．
4) T. L. Barr : *Modern ESCA : The Principles and Practice of X-Ray Photoelectron Spectroscopy*, CRC Press, Boca Raton, FL（1994）．
5) S. Hüfner : *Photoelectron Spectroscopy*（3 rd ed)，Springer, Berin（2003）．
6) 中山陽一：日本接着学会誌, **27**, 160（1991）．
7) 吉原一紘：表面科学, **16**, 18（1995）．
8) 石谷 炯：表面科学, **16**, 45（1995）．
9) 合志陽一監修，佐藤公隆編集，石谷 炯，北野幸重，中山陽一著：『改訂X線分析最前線』p.253，アグネ技術センター（2002）．
10) 日本化学会編：『化学総説 No.16―電子分光』学会出版センター（1977）．
11) 山科俊郎，福田 伸：『表面分析の基礎と応用』東京大学出版会（1991）．
12) 大西孝治，堀池靖浩，吉原一紘：『固体表面分析 I』講談社サイエンティフィク（1995）．
13) 日本表面科学会編：『X線光電子分光法』丸善（1998）．

14) G. Beamson, D. Briggs : *High resolution XPS of organic polymers : the Scienta ESCA 300 database*, John Wiley & Sons, New York (1992).
15) J.F. Moulder, W.F. Stickle, P.E. Sobol, K.D. Bomben : *Handbook of X-ray Photoelectron Spectroscopy* (3 rd ed.), Perkin-Elmer Corporation, Physical Electronics Division (1992).
16) B. Wannberg, U. Gelius, K. Siegbahn : *J. Phys.*, **E 7**, 149 (1974).
17) R. L. Chaney : *Surf. Interface Anal.*, **10**, 36 (1987).
18) U. Gelius *et al.* : *J. Electron Spectrosc. Relat. Phenom.*, **52**, 747 (1990).
19) U. Gelius, B. Wannberg, Y. Nakayama, P. Baltzer : in *Photoemission from the Past to the Future*, C. Coluzza, R. Sanjines, G. Margaritondo eds., EPSL Publications, Lausanne (1992).
20) P. E. Larson, M. A. Kelly : *J. Vac. Sci. Technol.*, **A 16**, 3483 (1998).
21) J. Cazaux. : *J. Electron Spectrosc. Relat. Phenom.*, **113**, 15 (2000).
22) 一村信吾：表面科学, **24**, 207 (2003).
23) 中山陽一，石谷 炯：熱硬化性樹脂, **8**, 8 (1987).
24) S. Tanuma, C.J. Powell, D.R. Penn : *Surf. Interface Anal.*, **21**, 165 (1994).
25) S. Tougaard *et al.* : *Surf. Interface Anal.*, **31**, 1 (2001).
26) N. Suzuki, T. Kato, S. Tougaard : *Surf. Interface Anal.*, **31**, 862 (2001).
27) P. Swift : *Surf. Interface Anal.*, **4**, 47 (1982).
28) M. Seah, W. Dench : *Surf. Inter. Anal.*, **1**, 2 (1979).
29) Y. Nakayama, T. Takahagi, F. Soeda, K. Hatada, S. Nagaoka, J. Suzuki, A. Ishitani : *J. Polym. Sci., Polym. Chem. Ed.*, **26**, 559 (1988).
30) Y. Nakayama, T. Ikegami, F. Soeda, A. Ishitani : *Polym. Eng. Sci.*, **31**, 812 (1991).
31) Y. Nakayama, K. Takahashi, T. Sasamoto : *Surf. Interface Anal.* **24**, 711 (1996).
32) 高良和武編集，光量子科学技術推進会議編：『実用シンクロトロン放射光』日刊工業新聞社 (1997).
33) 菅野 暁，藤森 淳，吉田 博編：『新しい放射光の科学−内殻励起が拓く新物質科学』講談社サイエンティフィク (2000).
34) A. Sekiyama, T. Iwasaki, K. Matsuda, Y. Saitoh, Y. Onuki, S. Suga : *Nature*, **403**, 396 (2000).
35) E. Bauer : *J. Electron Spectrosc. Relat. Phenom.*, **114-116**, 975 (2001).
36) 渡辺義夫，S. Heun：表面科学, **23**, 647 (2002).
37) O. Renault, N. Barrett, A. Bailly, L.F. Zagonel, D. Mariolle, J.C. Cezar, N.B. Brookes, K. Winkler, B. Krömker, D. Funnemann : *Surf. Sci.*, **601**, 4727 (2007).
38) S.M. Goldberg, C.S. Fadley, S. Kono : *J. Electron Spectrosc. Relat. Phenom.*, **21**, 285 (1981).

39) H. Daimon, M. Kotsugi, K. Nakatsuji, T. Okuda, K. Hattori : *Surf. Sci.*, **438**, 214 (1999).
40) 高橋久美子：繊維学会誌，**65**，171 (2009).
41) D. Briggs : *Practical Surface Analysis*, Chapter 9, pp 359-396, D. Briggs and M. P. Seah ed., John Wiley & Sons (1983).
42) Y. Nakayama, F. Soeda, A. Ishitani : *Carbon*, **28**, 21 (1990).
43) U. Zielke, K.J. Hüttinger, W.P. Hoffman : *Carbon*, **34**, 983 (1996).
44) Z.R. Yue, W. Jiang, L. Wang, S.D. Gardner, C.U. Pittman Jr : *Carbon*, **37**, 1785 (1999).
45) S.T. Jackson, R.G. Nuzzo : *Appl. Surf. Sci.*, **90**, 195 (1995).
46) J.T. Titantah, D. Lamoen : *Carbon*, **43**, 1311 (2005).
47) J. Schiessling : *Ph.D. thesis*, Uppsala University, Sweden (2003).
48) TRC TECHNICAL INFORMATION 技術資料，61-08.
49) 廣中俊也，岩戸庸子，石切山一彦，今石有紀子，林　栄治，片桐　元：*THE TRC NEWS*, **78**, 25 (2002).
50) J. Westermann : *Pico The Omicron NanoTechnology Newsletter*, **10(2)**, 2 (2006).
51) 高田恭孝：表面科学，**26**，734 (2005).
52) 間宮一敏，坂井大輔，眞田則明，渡邉勝巳，鈴木峰晴，湯瀬琢己，国部年寿，清水三郎：*ULVAC TECHNICAL JOURNAL*, **71**, 1 (2009).

Chapter 4
二次イオン質量分析法 (SIMS)

　二次イオン質量分析法 (SIMS) は，材料表面の元素組成や不純物の深さ方向分布を最も高感度で分析できる表面分析手法と言ってよい．その本質は，スパッタリングによって発生した二次イオンを質量分析することで元素を同定しおのおのを計数することにあるが，そのイオン化のしやすさ（確率）の一つを取り上げても元素や材料によって大きく異なるために，SIMS で測定される二次イオン強度の分布や深さ方向のプロファイルを正しく解釈するには，多くの注意が必要である．本章では半導体材料をはじめ，金属材料，有機物などの絶縁材料，多層膜試料の分析事例を示しながら SIMS 分析の実際について学ぶことにしたい．SIMS の分析データに関してまず要求されるのは，その定量化であり，イオン強度を正確な濃度へ変換するための手順や注意点について解説する．また近年，先端材料の開発においては極浅領域や界面付近でのより詳細な情報が求められることから，深さ方向分解能を向上するためのノウハウについても言及したい．

4.1 はじめに

　二次イオン質量分析法（Secondary Ion Mass Spectrometry；SIMS）は，固体試料表面に数百 eV～20 keV 程度に加速した一次イオンを照射し，スパッタリングによって放出される試料の構成粒子のうち電荷を有する二次イオンを引き出して質量分析することにより，試料表面の元素組成や不純物を分析する手法である．X 線光電子分光法（XPS）やオージェ電子分光法（AES）などの分光学的手法と異なり，質量分離した粒子（試料を構成する原子や分子からなるイオン）を直接カウントすることで極めて高感度の分析が可能であること，またこれらの粒子をスパッタリングしながら直接的にモニターすることで深さ方向の元素組成情報が得られることが特徴である．収束した一次イオンビームを用いれば，μm オーダーの微小領域の分析も可能である．したがって SIMS は一種の破壊分析であり，その程度は照射する一次イオンのドーズ量の大小によって異なり，また得られる情報の質も変化する．深さ方向分析を行なう場合には，分析する面積や深さの程度にもよるが，数 nA～μA オーダーの電流のイオンビームを用いて短時間で試料表面を掘り進みながら二次イオンをモニターし，特定の元素の深さ方向分布（デプスプロファイル）を測定することになる．このモードはダイナミック SIMS（D-SIMS）と呼ばれ，適切な一次イオン照射条件の選択と，イオン化率の高い二次イオン種の検出を組み合わせることによって ppm 以下の微量元素の深さ方向分布を nm オーダーの深さ分解能で計測することができるため，半導体材料の微量不純物分析を中心に広く利用されている．一方，一次イオンのドーズ量が 10^{12}～10^{13} ions/cm^2 以下の範囲で得られる二次イオンの情報はスタティック SIMS（S-SIMS）と呼ばれ，その質量スペクトルには試料最表面の部分構造や化学情報が含まれる（Chapter 5 参照）．このように D-SIMS と S-SIMS は同じ SIMS でありながら，分析の目

Chapter 4 二次イオン質量分析法 (SIMS)

的やその対象となる深さ領域,さらに得られる情報について必然的に棲み分けが生じるが,材料分析においては特に断りのない限り SIMS とは D-SIMS のことを指す.本章では,D-SIMS の原理に関わるスパッタリングや二次イオン化の基礎,および現在汎用されている装置の概要について述べた後,実際の材料評価に役立った応用例を紹介するとともにデプスプロファイルの定量化やデータを解釈するうえで注意すべき事項について解説する.

コラム 宇宙科学でも SIMS は大活躍!

SIMS は地球や宇宙の科学分野でも大変大きな役割を果たしていることをご存知だろうか.第一世代の SIMS 装置の中には 1960 年代のアポロ計画の一環として開発され,実際に「月の石」の分析に活躍したものもある.微量元素の空間的な分布を高感度で観察でき,しかも同位体の比率を精度良く計測できることが,宇宙や惑星の起源を探究するうえで,非常に重要な意味を持つ.たとえば始原的隕石やさまざまな惑星物質において見出された,酸素をはじめとする多くの元素同位体の不均一分布は,星の生成・進化を解明するための重要なテーマの一つである.わが国においても惑星探査を目的として,近年さらに空間分解能,質量分解能を向上させて,より局所の分析を可能にする次世代 SIMS の装置開発が進められている.2003 年に打ち上げられた小惑星探索機「はやぶさ」が小惑星イトカワから貴重なサンプルを採取して見事帰還したのは,実にタイムリーな出来事であった.分析結果が楽しみである.

4.2 SIMSの原理と特徴

4.2.1
スパッタリングと二次イオン放出

　図4.1に固体表面に一次イオンビームを照射した場合に起こるSIMS関連現象を示す．試料に侵入した一次イオンは試料原子との衝突を繰り返し（衝突カスケード），周辺の原子に運動エネルギーを与える．その運動エネルギーが結晶格子のポテンシャル障壁を上回る場合には原子は格子点から弾き出され，さらに周りの原子の変位を引き起こす．いわゆるノックオン効果であり，この効果によって変位を受けた表面近傍の原子で表面結合エネルギーに打ち勝つだけのエネルギーを与えられたものは真空中に放出される．これがスパッタリングであり，一次イオンの照射により試料のエッチングが進行する．また試料内部に侵入した一次イオンはエネルギーを失いながらやがて初期エネルギーに依存した一定の深さ領域（飛程）で停止するが，これはイオン注入に相当する．したがって，SIMSにおいてはスパッタリングと一次イオンの注入が同時に行なわれることになるが，スパッタ初期の段階では両者のバランスは非平衡な状態であり，スパッタ速度やスパッタ面における一次イオンの濃度

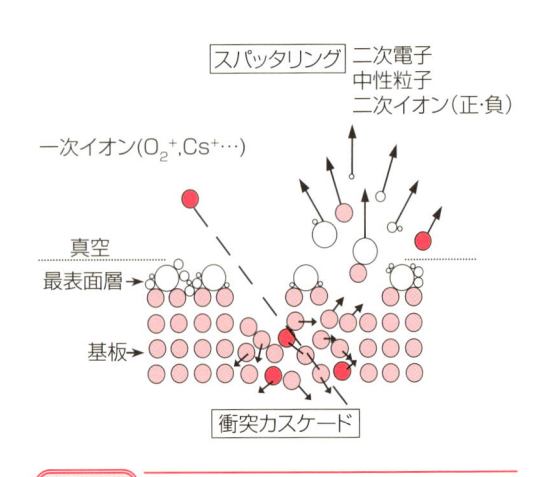

図4.1 一次イオン照射による諸現象
スパッタリングと衝突カスケード

が定常に達するまでの深さ領域（遷移領域）が存在する．スパッタリングによって放出される粒子の大部分は中性であり，正あるいは負にイオン化した二次イオンの割合は 1% 以下とごくわずかであり，しかもその割合（二次イオン化率）は元素の種類や，試料表面の化学状態に大きく依存する．SIMS はわずかな量の二次イオンでも質量分析によって非常に高感度な計測が可能である一方，二次イオン化率が条件により大きく変化するため定量分析については困難さが伴う．

4.2.2
スパッタ収率

スパッタ収率 Y は，入射一次イオンの数に対する全放出二次粒子の数の割合として定義される．Y は，一次イオン種，エネルギー，試料への入射角，試料物質（ターゲット）によって異なる．数百 eV のエネルギー領域では Y はエネルギーに比例して増加する傾向があり，その後プラトーの領域（10〜30 keV）を経て Y は急激に減少する[1]．入射角依存性に関しては，垂直入射の場合（$\theta=0$ のスパッタ収率を Y_0 とすると，Y はほぼ $Y_0/\cos\theta$ となり $\theta=60$〜$80°$ で最大値を示し，その後急激に減少する．斜め入射にすることで Y が増加するのは，試料表面からの一次イオン侵入深さ（垂直成分）が減少し，高密度の衝突カスケードが形成されるためと定性的には理解される．

実際のデプスプロファイルの測定においては，一次イオン電流値とイオンビームの照射面積（実際には収束させたビームを x–y 方向に走査させる）が一定の条件下では Y はスパッタ速度と密度（atoms/cm^3）の積に比例する．また，スパッタ速度は，SIMS 分析後のクレータ深さを触針式の表面粗さ計などで計測することで容易に求まる．

4.2.3
二次イオンの生成とイオン化率

スパッタされたある元素の原子数に対して，そのうち正または負の二次イオンとして生成，放出される個数の割合を二次イオン化率 β と呼ぶ．図 4.2 に，GaAs 中の不純物に対し，一次イオンとして O_2^+ あるいは Cs^+ を用い，それぞ

れ正負の二次イオンを検出した場合の各元素の相対感度因子（k）を示す[2]．
4.4.1項で詳しく述べるが，相対感度因子は$1/\beta$に比例する量であり，したがってβが大きい（感度が高い）ほどkは小さな値を示す．図4.2からわかるように，イオン化率は元素によって最大5桁以上もの差がある．また周期表の原子番号に対応した変動が見られ，O_2^+を用いた場合にはイオン化ポテンシャルの小さい陽イオンを生成しやすい元素の正のイオン化率が高く，逆にCs^+を用いた場合には電子親和力の大きい元素（陰イオンを生成しやすい）の負のイオン化率が高くなることがわかる．酸素による正二次イオン率の増大に関してはいわゆるボンド開裂モデルによる説明がある[3]が，化学的には酸化が進行しスパッタ面の酸素により対象原子から電子が奪われやすくなったと理解すればよい．反対にアルカリ金属であるCsがスパッタ面に多く存在するようになれば，還元反応が生じて相手の元素を負にイオン化させやすいと考えることができる．SIMSでは一次イオン種としてO_2^+およびCs^+が最も一般的に用いられるが，それはこのいずれかを用いることで，ほぼすべての元素のイオン化率を高めることができ，高感度の元素分析が可能になるためである．

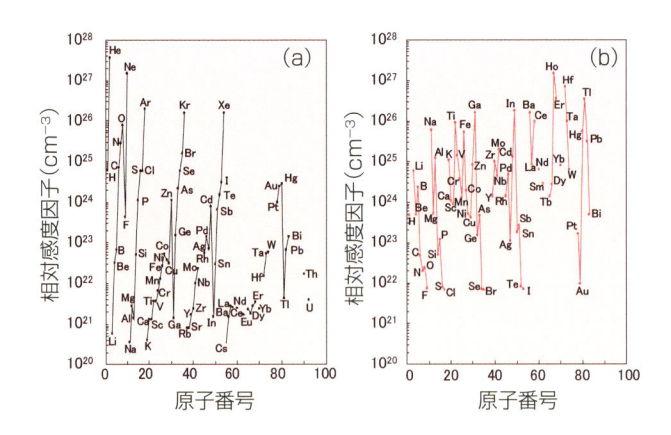

図4.2 GaAs中の不純元素の相対感度因子（値が小さいほど，感度が高いことに注意）

(a) 一次イオンとしてO_2^+を用い，正二次イオンを検出，(b) 一次イオンとしてCs^+を用い，負二次イオンを検出．
【出典】R. G. Wilson, F. A. Stevie, C. W. Magee : in *Secondary Ion Mass Spectrometry*, App. E.6, John Wiley & Sons（1989）．

4.3 SIMS の装置

　一般に SIMS の装置は，一次イオン源とビーム照射系，試料室，二次イオン引き出し系，質量分析計，二次イオン検出器，ならびにデータ処理と装置のコントロールを行なうコンピュータから構成されている．前述のように，SIMS では一次イオン種として O_2^+ および Cs^+ を用いるのが最も一般的であり，前者のようなガス成分イオン種（他に Ar^+，O^- など）に対してはデュオプラズマトロン，後者については表面電離現象を利用したイオン源が汎用されている．また，電解放出型の Ga^+ 液体金属イオン源からは高輝度で微細な Ga^+ イオンビームが得られ，微小部分析の目的に利用することもできる．近年は深さ分解能向上のため，低加速の一次イオンを必要とする場合も多く，その目的で開発された浮遊電圧型の低速イオン銃（floating low energy ion gun）では数 keV で引き出した一次イオンを浮遊電位のカラムに通過させ，接地電位にある試料の直前のレンズ系で減速させる．これによって実効エネルギーが 1 keV 以下の低速条件でも，深さ方向分析を行なうのに充分なイオン電流が得られる[4]．試料表面から放出された二次イオンは引き出し系の電場で加速された後，質量分析計に導かれるが，装置の形式は質量分析計のタイプや二次イオン光学系の仕組みによって以下のように分類される．

4.3.1 質量分析計による分類

　SIMS では質量分析計として二重収束型（セクター磁場型）と四重極型のものが実用化されており，それぞれの特徴を活かした利用がされている．図 4.3 に二重収束型 SIMS の構成図を示すが，静電アナライザーとマグネットを結合することにより二次イオンのエネルギー収束と方向収束を同時に行なう．質量

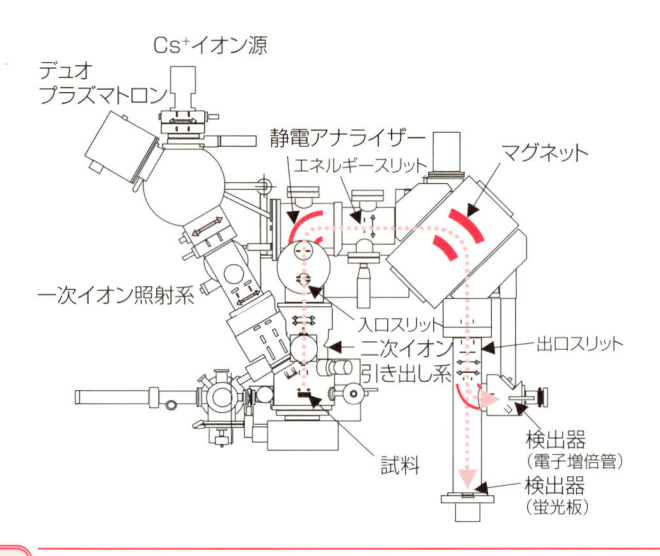

図中ラベル: Cs⁺イオン源, デュオプラズマトロン, 静電アナライザー, エネルギースリット, マグネット, 一次イオン照射系, 入口スリット, 二次イオン引き出し系, 出口スリット, 試料, 検出器（電子増倍管）, 検出器（蛍光板）

図 4.3 二重収束型 SIMS の構成

アメテック㈱のご好意による.

分離された二次イオン種の軌道は検出器の位置で結像し，イオン像として観測することができる．二重収束型 SIMS の最大の特徴は質量分解能が高く（$M/\Delta M > 10000$），また二次イオン透過率も高いために感度面で優れているが，反面，これを実現するためには二次イオン引き出し電圧を高くする必要があり，試料バイアスを数 kV の高電圧に設定しなければならない．その結果，一次イオンの加速電圧を低くしたり，試料に対する入射角を設定したりするうえでしばしば制約を受ける．また，試料と引き出し電極との短い距離の間で非常に強い電界が形成されることになるため，試料のわずかな高さの違いや傾斜が二次イオンの軌道に影響し，検出強度のばらつきが大きくなったり，過去の分析試料による電極の汚れが原因で装置のバックグラウンドが高くなったりしやすい（メモリー効果）[5]．

これに対して四重極型 SIMS（図 4.4）では，対向する二つの電極に極性の異なる高周波電圧を印加し，ある周波数条件を満足する質量／電荷比のイオンだけがこの四重極を通過，検出器に到達できる仕組みになっている．質量分解能や透過率の点では二重収束型 SIMS に劣るが，質量分析計自体は非常にコンパクトであり，高い二次イオン引き出し電圧を必要としない．そのため試料は

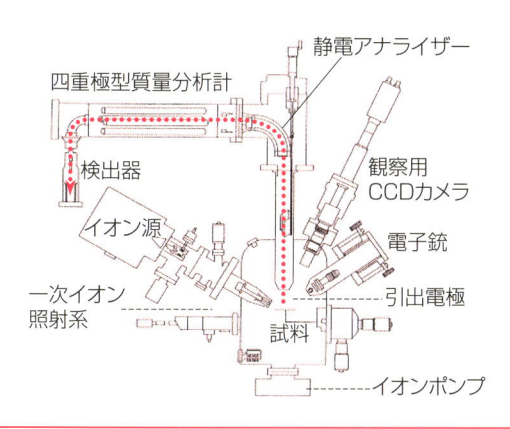

Chapter 4 二次イオン質量分析法（SIMS）

図 4.4　四重極型 SIMS の構成

アルバック・ファイ㈱のご好意による．

接地電位でよく，たとえば，試料の帯電補償（後述）のための電子照射が検出二次イオンの極性を問わずコントロールしやすい，また一次イオンの加速電圧と入射角を独立に設定できるなどのメリットがある．深さ分解能を追求するには低エネルギー一次イオンの使用とその入射角の選択が重要となるが，その目的には四重極型 SIMS が好ましいといえる．

　質量分析計の分類上，もう一つのタイプとして飛行時間型 SIMS（Time-of-Flight SIMS；TOF-SIMS）が挙げられるが，質量分離の原理上，パルス状の一次イオンを使用する必要があり，本来 TOF-SIMS は S-SIMS 用途として多くの優位性が認められ発展した．この装置ではパルス状の一次イオン照射によって発生した二次イオンをその飛行時間によって質量分離し，これらをすべて同時に検出できるのが最大の特徴である．TOF-SIMS を D-SIMS の目的に使用しようとすると短いパルスイオンだけではスパッタ速度が遅いため，スパッタ専用の直流ビームが必要となるが，二つのイオンビームをうまく組み合わせて試料に交互に照射すること（デュアルビーム方式）により，デプスプロファイル分析も可能となる[6]．スパッタ専用に低エネルギーイオンビームを用いることで深さ分解能が向上できることから，最近では D-SIMS 用途としても TOF-SIMS を利用する試みが積極的に行なわれている．ただし，実際に計測する二次イオンの量は，連続一次イオンビームを使用する他の SIMS 専用機に

比べると少ないため，感度的には不利となる．感度向上のためにはスパッタ用のイオンに反応性のもの（O_2^+やCs^+）を用いるか，酸素リーク法（後述）を併用することが不可欠となる．

4.3.2
走査型および投影型 SIMS

　よくいわれるように，この分類は電子顕微鏡における走査型（SEM）と透過型（TEM）の区別と類似している．走査型SIMS（ion microprobe）では収束させた一次イオンビームを試料の分析エリアを含むx-y方向に走査し，これと同期させて二次イオンを検出することで二次元的な分布（二次イオン像）が観察できる．ビームの走査範囲内に検出元素の分布が生じていれば，それが二次イオン強度のコントラストとなって表示されることになるが，その位置分解能は一次イオンビーム径で決まる．なお深さ方向分析の場合にはビーム走査の全範囲から二次イオンを計測すると，クレータエッジ効果（後述）により深さ分解能が低下するため，電気的なゲートにより走査範囲の中央部からのシグナルを選択的にカウントする．四重極型SIMSは，その二次イオン光学系において基本的に結像機能を有しないため，イオン像取得方式としては走査型に属する．

　一方，二重収束型SIMSの二次イオン光学系では質量分離と方向収束が同時に実現可能であり，一次イオンの走査とは無関係に検出器の位置で二次イオン像を直接観察することもできる．この方式は投影型SIMS（ion microscope）と呼ばれ，位置分解能は二次イオン光学系の収差によって決まる．この場合，系内のアパーチャやスリット類を最適化することにより位置分解能は1 μm程度まで向上できるが，透過率とはトレードオフの関係にあり感度は低下するため，これを補償するには一次イオン電流を多くする必要がある．現在市販されている二重収束型SIMSではCs^+マイクロビームと走査型の機能も備わっており，位置分解能を優先させるにはこの機能を利用する場合が多い．なお，投影型SIMSで深さ方向分析を行なう際，クレータエッジの寄与を除去するために走査範囲の中央部に相当する結像位置に光学的アパーチャを配置することで，この領域から放出された二次イオンのみを検出する．

4.4 SIMS による定量分析

4.4.1
相対感度因子

SIMS で検出される注目元素 M の同位体 M_i の二次イオン強度 I_{Mi} は，一般に以下の式で記述される．

$$I_{Mi} = A \cdot I_p \cdot Y \cdot C_M \cdot \alpha_i \cdot \beta_M \cdot \eta \tag{4.1}$$

ここで，

　　A：一次イオン照射面積に対する二次イオン検出面積の比

　　I_p：一次イオン電流

　　Y：マトリックスのスパッタ収率

　　C_M：元素 M の濃度

　　α_i：同位体 M_i の存在比率

　　β_M：元素 M の二次イオン化率

　　η：装置の透過率

である．したがって，分析試料中の元素 M の濃度は

$$C_M = \frac{I_{Mi}}{A \cdot I_p \cdot Y \cdot \alpha_i \cdot \beta_M \cdot \eta} \tag{4.2}$$

で算出できるが，右辺の η をはじめ A や I_p などを独立に求めるのは誤差を伴うし現実的ではないため，分析試料の主成分元素 R（その同位体を R_j とする）による二次イオン強度 I_{Rj} をリファレンスとしてモニターし，I_{Mi} との強度比から感度係数を求めるのが一般的である．すなわち，I_{Mi} としてはそのバックグラウンド強度 I_{BG} を差し引いた値を用いて

$$\frac{I_{\mathrm{Mi}}-I_{\mathrm{BG}}}{I_{\mathrm{Rj}}}=\frac{C_{\mathrm{M}}\,\alpha_i\,\beta_{\mathrm{M}}}{C_{\mathrm{R}}\,\alpha_j\,\beta_{\mathrm{R}}} \tag{4.3}$$

となり，濃度 C_{M} は次式により求められる．

$$C_{\mathrm{M}}=k_{\mathrm{M}}\frac{\alpha_j}{\alpha_i}\cdot\frac{I_{\mathrm{Mi}}-I_{\mathrm{BG}}}{I_{\mathrm{Rj}}}=k_{\mathrm{Mi}}\cdot\frac{I_{\mathrm{Mi}}-I_{\mathrm{BG}}}{I_{\mathrm{Rj}}} \tag{4.4}$$

ここで，k_{M} ($=C_{\mathrm{R}}\beta_{\mathrm{R}}/\beta_{\mathrm{M}}$)，または k_{Mi} ($=C_{\mathrm{R}}\alpha_j\beta_{\mathrm{R}}/\alpha_i\beta_{\mathrm{M}}$) を元素 M（または同位体 Mi）のリファレンス元素 R（または Rj）に対する相対感度因子（Relative sensitivity factor: RSF）と呼び，分析対象となる元素の濃度が既知の標準試料を測定することにより求めることができる．ここで注意すべきは，上で定義したように k は β の逆数に比例し，感度が高い元素のほうが k の値は小さくなる．なお後で述べるように，β は母材と元素によって異なる（マトリックス効果）ため，分析したい材料と元素の組み合わせごとに標準試料を準備し，それぞれで RSF を求める必要がある．

4.4.2
相対感度因子の求め方

　SIMS 分析のための標準試料の作成法としては，イオン注入による方法が最も一般的である．注目元素が既知のドーズ量だけイオン注入された標準試料について，定量したい試料と同じ測定パラメータで SIMS 分析を行なうことにより，次式から RSF を求めることができる．

$$k_{\mathrm{Mi}}=\frac{\phi}{\sum_l (I_{\mathrm{Mi},l}-I_{\mathrm{BG}})}\times\frac{1}{\varDelta z}\times I_{\mathrm{Rj}} \tag{4.5}$$

ϕ：イオン注入量（atoms/cm^2）

$\varDelta z$：1 測定サイクルあたりの深さ（cm）

$I_{\mathrm{Mi},l}$：目的元素 M（同位体 i）のサイクル l におけるイオン強度

I_{BG}：I_{Mi} に対するバックグラウンド強度

I_{Rj}：リファレンス元素 R（同位体 j）のイオン強度

図 4.5 に Si 中に酸素 ^{16}O をイオン注入して作成した標準試料の SIMS プロファイルを示す．$\phi=1.5\times10^{15}$ atoms/cm^2，$\varDelta z=3.6\times10^{-7}$ cm，$\Sigma(I_{\mathrm{O},l}-I_{\mathrm{BG}})=3.87\times$

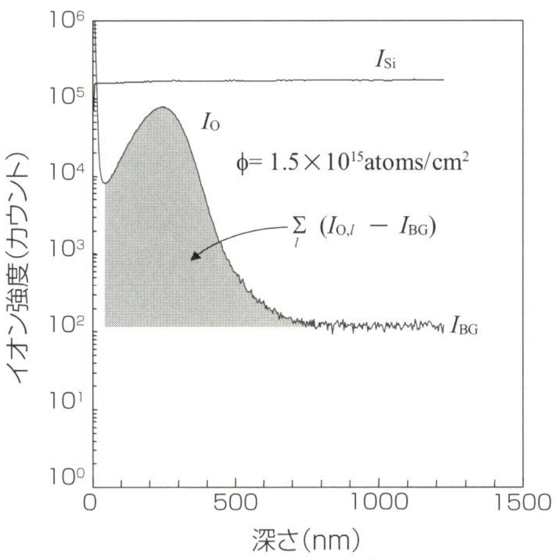

Chapter 4 二次イオン質量分析法（SIMS）

図 4.5 ^{16}O 注入にて作成した標準試料のデプスプロファイル

10^6 counts, $I_{Si} = 1.71 \times 10^5$ counts であり，$k_O = 1.84 \times 10^{20}$ atoms/cm^3 が得られる．ただし，図 4.5 の場合は最表面に自然酸化膜による $^{16}O^-$ の強度の強い領域が存在するため，ドーズ量に対応する積分範囲としてはこの領域は除外している．またイオン注入では通常，同位体は 1 種類だけ（$a_i = 1$）であるため，天然の同位体比で存在する元素の定量を行なう際には，この比を考慮した補正が必要になる．

4.4.3
SIMS デプスプロファイルの測定精度

標準試料の濃度の正確さ（accuracy）は，公的機関などによって保証された認証標準試料（シリコンへのイオン注入試料では NIST による B（ホウ素）[SRM 2137]，As（ヒ素）[SRM 2134] のものがある）を除き，一般的には±20〜30% 以内と言われ，SIMS 測定の精度（precision）がこの値よりよいならば定量値の正確さは標準試料のそれによって支配される[7]．ルーチン的に行なわれる SIMS 分析の繰り返し再現性は，過去は 20〜30% と上の数字と同等であったが，装置の改良などにより，現在では特殊な測定を除いて大幅に改善されつつある．たとえば，二次イオン引き出し系が比較的単純な四重極型 SIMS

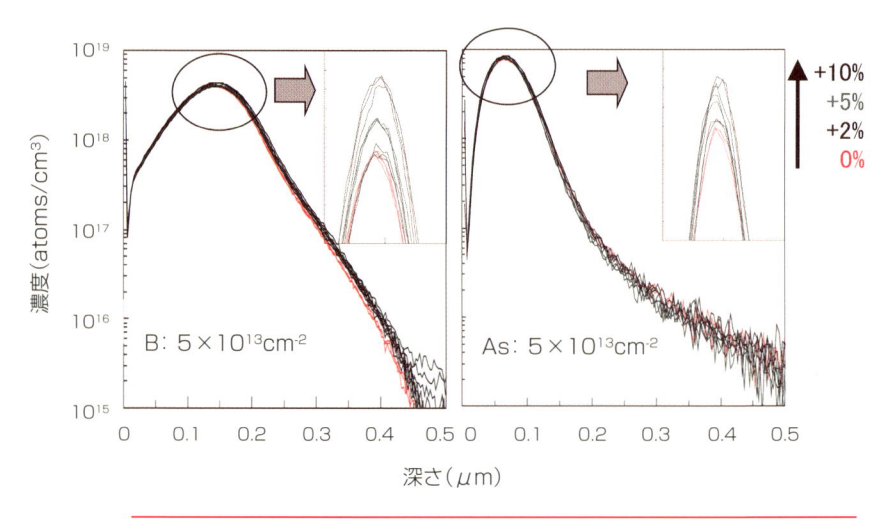

図4.6 Si 中に B または As を基準ドーズ量（5×10^{13} atoms/cm^2）およびそれより 2, 5, 10% だけ多く注入した試料の繰り返し SIMS 測定結果

の場合，数ヶ月に渡って繰り返し測定して得られた定量値の相対標準偏差は2%以下である．二重収束型 SIMS では二次イオンの引き出しに強い電界を使用するため，試料表面の電位分布の歪みが二次イオン強度に影響を与え，繰り返し測定を行なった場合の測定値ばらつきが大きくなることが以前から指摘されていた．しかしながら，理想的な系においては試料の取り付け方法を含めた測定条件の最適化により1~2%以内の精密さで定量値を比較することが可能となった．図4.6は，シリコン中へBまたはAsをそれぞれ5×10^{13} atoms/cm^{2}を基準ドーズ量として注入した試料，および基準量より2, 5, 10%だけ多く注入した試料について，Bは二重収束型SIMS，Asは四重極型SIMSによって測定したプロファイルである．いずれの場合も同一試料の繰り返し測定データの相対標準偏差として1%以下が得られ，2~10%のドーズ量の大小が識別できている．

4.4.4
マトリックス効果

　マトリックス効果とは，試料の材料（母材）組成が変化した場合に，ある化

学種の二次イオンの感度が変化する現象をいい，SIMSによる定量分析を困難にしている要因の一つである．感度変化の原因は，注目している元素の二次イオン化率の変化または材料自体のスパッタ収率の変化，あるいはその両方が考えられ，一次イオンとして酸素あるいはCsを用いた場合にわずかなスパッタ収率の変化がイオン化率に大きな影響を与えることがある．一般に，ある元素の二次イオン化率 β は，スパッタ面の酸素またはCs濃度 ρ_0 の2乗ないし3乗に比例すると報告されている[8]．また非常に大雑把な近似によると，ρ_0 は試料のスパッタ収率 Y の逆数に比例する[9]．仮にマトリックスがAからBに変化し Y が1/2に減少したとすると，注目元素の濃度が等しく，β も不変の場合には，そのイオン強度は1/2になるはずである．しかしながら，実際には Y が1/2に減少することで ρ_0 は2倍に増加し，β はその2～3乗倍すなわち4～8倍も増加することになり，最終的にイオン強度は Y の減少分を上回る2～4倍の強度増加を示すことが予想される．非常に極端な例として，Cs^+ 一次イオンを用いてSi基板上のPtSi$_2$膜を分析した場合，PtSi$_2$のスパッタ速度はSiに比べておよそ10倍速く，したがってスパッタ面のCs濃度は非常に小さくなり，膜中のSi$^-$の強度は1/1000程度まで弱くなることが報告されている[8]．

イオン強度の変化が，そのまま濃度の大小を表わしていないってこともあるわけか？

そのとおり！
途中の深さで材料が変われば感度も変わる．
特に界面は注意が必要だね．

4.5 SIMSによるデプスプロファイル測定の実際

4.5.1
妨害イオンと質量分解能

現実のSIMS分析において評価の対象になるのは不純物濃度レベルの元素であるため,二次イオン強度は非常に弱い場合が多く,さらに同じ質量数(質量/電荷)の妨害イオンが共存すれば,その干渉のために検出下限は悪くなる.表4.1に妨害イオンの分類と代表例,および目的元素との質量分離に必要な分解能を示す.妨害イオンの影響を除去するには質量分解能を高くするのが本質的な解決法であるが,装置によっては限界があるため,他の手段も併用される.

たとえば,分子イオン(多原子イオン)ではエネルギー分布の幅が単原子イオンの場合に比べて狭いため,その差を利用して分子イオンの干渉を除去することが行なわれる.具体的には試料に数十Vのオフセット電圧を与えることにより分子イオンは質量分析計を通過できなくなり,原子イオンのみを選択的に観測する.シリコン中の $^{75}As^-$ はこの方法により妨害イオンである $^{75}(^{29}Si^{30}Si^{16}O)^-$ と分離し,低濃度まで検出することができる[5].装置内の残留ガスによる影響は,真空度を高めることによってある程度は改善でき,たとえばシリコン中の $^{31}P^-$ については $^{31}(^{30}SiH)^-$ の寄与が抑えられることにより低濃度レベルまでの検出が可能になる.炭化水素による妨害イオンは試料表面に付着する有機物に由来し,S-SIMSの条件では必ず検出されるが,D-SIMSの場合にはあまり問題とならない.

Chapter 4 二次イオン質量分析法（SIMS）

表 4.1 妨害イオンの代表例と，目的元素との質量分離に必要な分解能 $M/\Delta M$

妨害イオンの種類	分析イオン	妨害イオン	注意すべき材料	ΔM(mamu)	$M/\Delta M$
多価イオン	9Be+	27Al3+	AlGaAs	−18.3	490
	10B+	30Si3+	Si	−21.7	460
	28Si+	56Fe2+	鉄鋼	−9.5	2960
多原子イオン	75As+	29Si30Si16O+	Si	23.6	3175
	32S−	16O2−		17.8	1800
	56Fe+	28Si2+	Si	18.9	2955
	121Sb−	75As30Si16O−	Si	−13.5	8925
	138Ba+	69Ga2+	GaAs, AlGaAs	−54.1	2550
一次イオンとの結合イオン	197Au+	64Zn133Cs+	ZnS, ZnSe	−132	1490
	202Hg+	69Ga133Cs+	GaAs, AlGaAs	−139.6	1445
	208Pb+	75As133Cs+	GaAs, AlGaAs	−149.6	1390
水素化イオン	31P−	30Si1H−	Si	7.8	3995
	55Mn+	54Fe1H+	鉄鋼	9.4	5850
	79Br−	78Se1H−	セレン化合物	6.8	11620
	121Sb−	120Sn1H−	スズ合金	26	4650
炭化水素	27Al+	27(C2H3)+		41.9	645
	39K+	39(C3H3)+		59.8	650
	55Mn+	55(C4H9)+		116.7	470

4.5.2
装置のバックグラウンド

　SIMS の検出下限を支配する要因として重要なものに装置のバックグラウンドがある．装置を構成する部材や汚染，過去の測定試料の成分が二次イオン引き出し電極に付着してバックグラウンドの原因となるメモリー効果はその一つである．また H, C, N, O などの大気成分元素に関しては，十分強い二次イオン強度として計測できたとしても真空中の残留ガス起因の比較的高いバックグラウンドのため，検出下限はしばしば悪くなる．もちろん装置内の真空度を向上することで検出下限は改善されるが，それには限界がある．そこでこの種の元素の正確な定量やプロファイルの分析では，バックグラウンドを差し引くことが行なわれるが，分析領域を固定したまま一次イオンビームの走査範囲

（ラスター面積）を変更できる投影型の SIMS においては以下に述べる簡便な方法（ラスター変化法）で，バックグラウンドを分離して，その値を算出することができる[10]．ここではシリコン中の酸素の分析に適用した場合について説明する．

SIMS で測定される O^- のイオン強度 I_O は，試料に含まれる O に由来する成分とバックグラウンド由来の成分（I_B）の和で表わせる．ここで前者は一次イオン電流密度に比例するが，後者は一次イオン電流密度によらず一定の値を示す．したがって，一次イオン電流が一定のもとで測定途中にラスター面積を縮小すると，試料に照射される一次イオンの密度が増加することによってスパッタ速度が速くなり，その分試料から放出される O^- の強度が増加する（図4.7）．実際に試料に含まれる O の濃度，およびバックグラウンドに対応する濃度は，以下の関係式により求めることができる．

$$\frac{I_o}{I_r} \times k = [O_b] + [O] \tag{4.6}$$

$$\frac{I_O}{I_R} \times k = [O_B] + [O] \tag{4.7}$$

$$[O_b] = \frac{I_B}{I_r} \times k \tag{4.8}$$

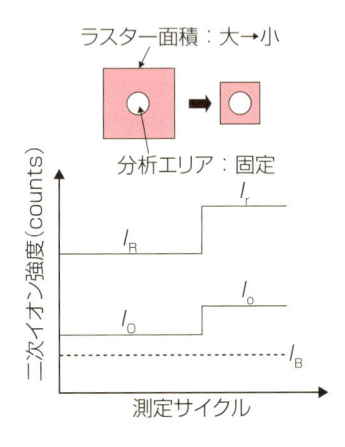

図 4.7 ラスター変化法：ラスター面積と二次イオン強度との関係

Chapter **4** 二次イオン質量分析法（SIMS）

$$[O_B] = \frac{I_B}{I_R} \times k \tag{4.9}$$

これらより，

$$[O] = k \times \frac{I_o - I_O}{I_r - I_R} \tag{4.10}$$

$$[O_b] = \frac{I_o}{I_r} \times k - [O] \tag{4.11}$$

ここで，I_O，I_oはそれぞれラスター面積が大，小のときのO^-のイオン強度，I_R，I_rはそれぞれに対応するリファレンス元素（Si^-）の強度，kはあらかじめ標準試料から求めた相対感度因子である．また，[O]が試料に含有される酸素の濃度，$[O_B]$，$[O_b]$はそれぞれラスター面積が大，小の条件で測定した場合のバックグラウンド強度I_Bに対応する酸素濃度である．

図4.8はSi基板上に成膜されたエピ膜中の酸素のプロファイルに対し，上述の方法でバックグラウンドの濃度を求め，この寄与を差し引いたものであるが，膜中と基板中の酸素濃度の差が明瞭であり，また界面におけるピークもはっきりと認められる．従来はブランク試料で計測された強度をバックグラウンドとして一律に差し引く方法も採られたが，多くの試料を測定するうちにバックグラウンドが徐々に変化するため，その方法では誤差が大きくなる危険

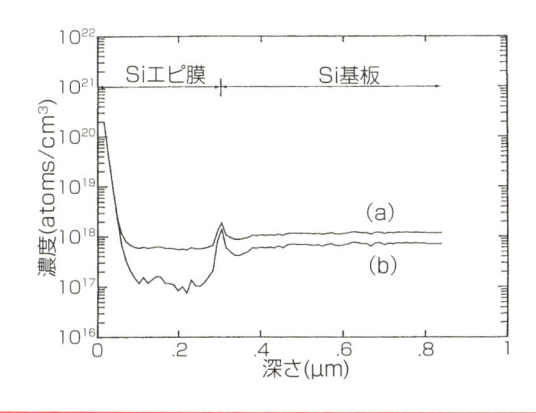

図4.8 Si エピ膜／基板中の酸素のデプスプロファイル

(a) バックグラウンド差し引き前，(b) バックグラウンド差し引き後．

性がある．これに対してラスター変化法では，測定ごとにバックグラウンドを求めることになるため常に正確な濃度を算出できる．またラスター面積を縮小するのはプロファイル測定最中または測定後に同一の分析場所で行なうため，分析位置の変更に伴う誤差が生じないという利点がある．

4.5.3
デプスプロファイルの深さ分解能

SIMSで得られるプロファイルの形状は厳密には測定中に歪みを受け，真の深さ方向分布からずれてしまう．その要因として，一つは測定時に形成されるクレータあるいはスパッタ面の形状による効果，他の一つはスパッタリングそのものに関わる物理的あるいは化学的効果が挙げられる．

(1) クレータ形状による効果

SIMSプロファイルはできる限り収束させたイオンビームをx-y方向に走査し，電気的ゲートやアパーチャによりクレータ中央部からの二次イオンだけを選択的に計測する．このときシグナル検出部の面積に対してクレータ底面が十分大きく平坦であれば問題ない（図4.9の実線プロファイル）が，そうでない場合にはクレータ端部の異なる深さからのシグナルを同時に観測することになり深さ分解能が劣化する（図4.9の破線プロファイル）．これが，クレータエッジ効果である．深くまでプロファイルを測定したいために一次イオン電流

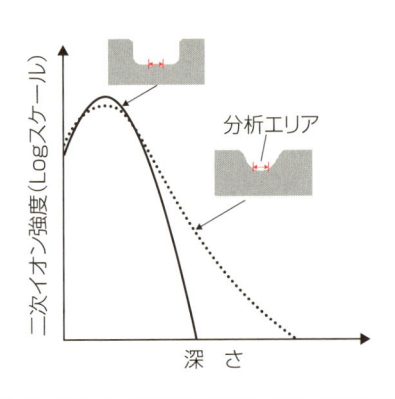

図4.9 クレータエッジ効果

を大きくするとビーム径は大きくなり，さらに電流密度を高くするためにラスター面積を小さくすると，このような状況に陥りやすい．また本来，表面付近が非常に高濃度で，深さ方向に急峻に減少するような分布を測定した場合にプロファイルの裾が広がってしまい，見かけ上深さ分解能が低下することを経験する．これは，一次イオンビームが常にクレータ周辺の表層部（高濃度部）に照射され続けることで，そこで発生した二次イオンがわずかではあるが引き出し系に回り込んでバックグラウンドとなるためである．通常の分析ではSIMSのダイナミックレンジは5桁程度であり，濃度の極大が10^6カウントで計数され，その後急激に濃度が減少したとしても，10カウント程度のバックグラウンドは残留してしまう．

(2) マイクロラフネス

上で述べたクレータ形状に伴う深さ分解能の低下とは別に，スパッタ面にラフネスが生じることで分解能が悪くなることは容易に推測できる．実際，多結晶の金属膜などでは結晶方位によってスパッタ収率が異なるために，イオンビーム照射によりスパッタ面に凹凸が発達することが古くから知られている．一次イオン種の種類や照射条件により発達の度合いは異なり，たとえば酸素リーク法（後述）で凹凸が抑制されるものもあれば，逆に増大するものもあり，そのメカニズムは複雑である．一方SiやGaAsなどの単結晶においてもスパッタリングに伴うマイクロラフネスの発生は観測され，O_2^+ビームをある範囲の斜め入射角で照射した場合に，その水平成分とは垂直な向きに規則的なリップル（さざ波）が発達する[11]．図4.10はGaAsを10.5 keVのO_2^+ビームでプロファイル分析した際のクレータ底面に発生したリップルのSTM像であり，図4.11はその波長と振幅をクレータ深さ（表面からの段差を触針式の表面粗さ計で計測）の関数としてプロットしたものである．振幅は深さに対して指数関数的に増大すること，また1 μmを越える深さ領域では凹凸（振幅の2倍）は100 nm程度にも達し，これに相当する深さ分解能の劣化を導くことが理解できる．さらにこのような規則的なリップルの成長は一次イオンの局所的な入射角の変化をもたらし，それに伴って感度（二次イオン化率）変化を引き起こす．深さ1 μmを超えたところでAs^+の強度が増加しているのはそのため

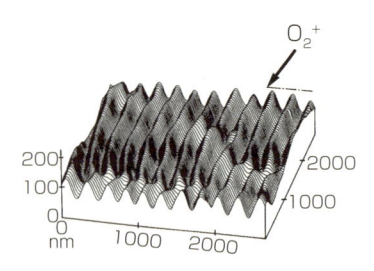

図 4.10 O₂⁺スパッタによりリップルが生成した GaAs 表面の STM 像（クレータ深さは 1.7μm）

【出典】A. Karen, K. Okuno, F. Soeda, A. Ishitani : *J. Vac. Sci. Technol.*, **A 9**, 2247（1991）.

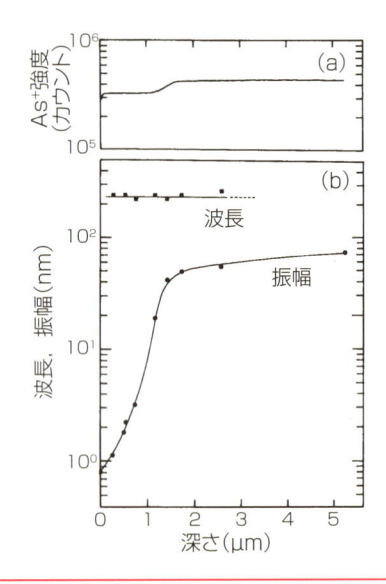

図 4.11 (a) GaAs 中 As⁺のプロファイル，および (b) スパッタ面に生成したリップルの波長，振幅とクレータ深さの関係

【出典】A. Karen, K. Okuno, F. Soeda, A. Ishitani : *J. Vac. Sci. Technol.*, **A 9**, 2247（1991）.

である．類似の現象は Si や他の半導体材料の場合にも，さらには Cs⁺を用いた場合にも観測されるが，波長や振幅の大きさはやはり照射条件によってさまざまであり，統一的な説明ができるまでには至っていない．したがって，これらのマイクロラフネスの生成，発達を回避するための一次イオン照射条件の選択は材料によって異なると考えられるが，プロファイル測定中に試料を面内で

連続的に回転することで入射角が分散,平均化されてスパッタ面の平滑さが維持され,深さ分解能は著しく向上する[12].Zalar 回転と呼ばれ,すでにオージェ電子分光法においては実用化されていた機構であるが,最近の四重極型 SIMS でも使用可能になった.

(3) 一次イオンによるノックオン効果

4.2 節で述べたように,一次イオンの飛程はエネルギーと入射角に依存する.エネルギーが低いほど,また斜め入射になるほど一次イオンの侵入深さ(垂直成分)は浅くなると同時にノックオンや衝突カスケードによるミキシング(原子位置の攪乱)が縮小し,深さ分解能は向上する.また一般に,重い一次イオンを用いることでも飛程は浅くなる.

デバイスの微小化に伴って,10 nm オーダーのドーパント分布や接合の位置,2 nm 以下の薄いゲート酸化膜の測定などが要求されるようになると,できる限り低エネルギーの一次イオンを用いて深さ分解能を向上させる必要がある.図 4.12 は 0.5,1,2 keV という低いエネルギーで注入された As の SIMS プロファイルであり,一次イオンのエネルギーも 0.5 keV と低くすることに

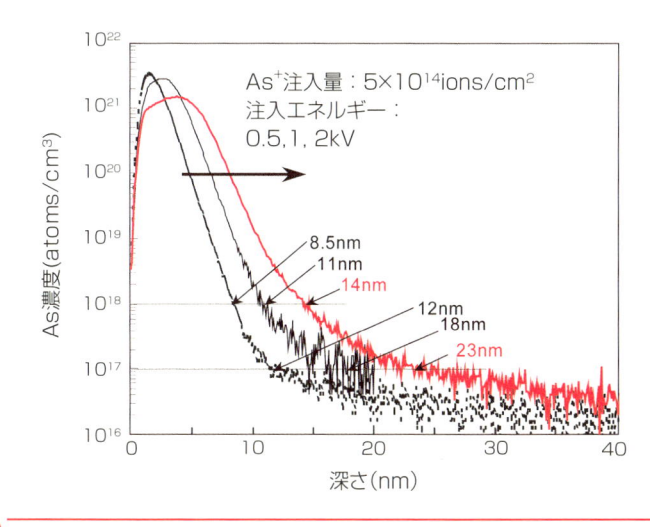

図 4.12 Si 中 As の極浅プロファイルの測定

図中の数字は As 濃度が 10^{17} または 10^{18} atoms/cm^3 に対応する深さを示す.

よって，それぞれのプロファイルの違いや接合深さ（たとえばAsの濃度が1×10^{18}あるいは1×10^{17} atoms/cm^{3}に相当する深さ）を調べることができる．

(4) 酸素リーク法

浅いプロファイルを正確に求めるのに低エネルギー一次イオンを用いるもう一つの理由は遷移領域の縮小である．遷移領域とはスパッタ面の一次イオン濃度が定常に達するまでの初期の領域であり，その間はスパッタ速度や二次イオンの感度が一定しない．図4.13はBの注入プロファイルであるが，最表面の自然酸化膜の部分（酸素濃度が高いためB$^+$ならびにSi$^+$のイオン化率が高く，見かけ上Bの濃度も高い値となっている）を含め，本来深さ方向で一定であるべきSi$^+$の強度が初期の段階で弱くなっている範囲がこれに対応する．極表面の分析ではこのような遷移領域の幅をできるだけ狭くしてやることが重要であり，そのためには深さ分解能の問題と同じで一次イオンのエネルギーを低くしなければならないが，これには限界がある．そこでこの問題を克服するために，特に正の二次イオンを検出する場合には，測定中に試料表面に酸素ガスを吹き付けてやること（酸素リーク法）により，スパッタ面の酸素濃度を最初から一定にする方法が採られる．ただし，スパッタ速度の初期変化や表面ラフネスを抑制できるよう入射角の選択を含め測定条件の十分な最適化を行なうことが必要になる．図4.14は，五つのBのデルタドープ層を5.4 nm間隔で積層した試料について，種々のO$_2^+$ビーム照射条件で測定した結果

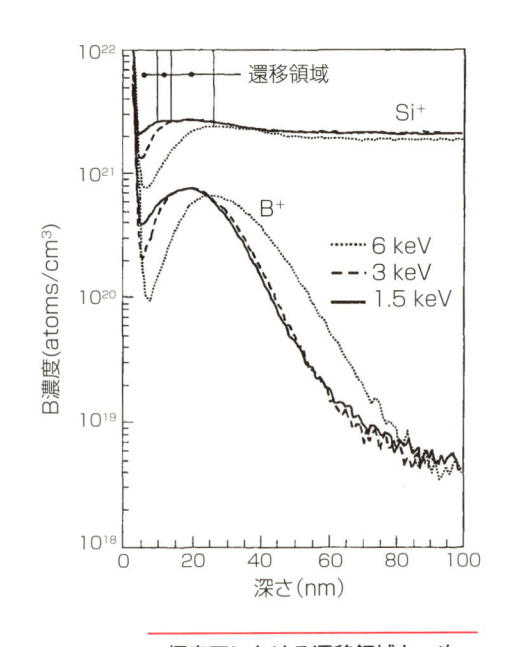

図4.13 極表面における遷移領域と一次イオンエネルギーとの関係（Bを注入したSi基板のB$^+$およびSi$^+$のプロファイル）

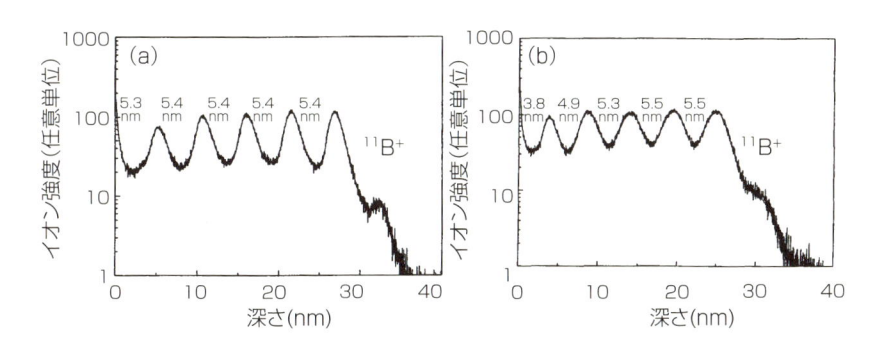

図4.14　五つのBデルタドープ層を有する試料のSIMSプロファイル

（a）一次イオン：0.5 keVのO$_2^+$，入射角50°，酸素リーク法により測定．（b）一次イオン：0.5 keVのO$_2^+$，入射角60°，酸素リーク法により測定．
【出典】C. W. Magee, G. R. Mount, S. P. Smith, B. Herner, H.-J. Grossmann: *J. Vac. Sci. Technol.*, **B 16**, 3099（1998）．

のうちの代表的な例である[13]．エネルギーが0.5 keVの場合，入射角が50°の条件では深さ分解能も良好で，かつデルタドープ層はほぼ等間隔のプロファイルが得られているが，60°になると表面から2層までのピーク間隔は見かけ上狭くなり，また各ピークの形状も幾分ブロードになる．わずか10°の違いではあるが，60°の条件では初期のスパッタ速度が速くなり，また表面ラフネスの度合いが大きくなったことが考えられる．

(5) イオン誘起による偏析やマイグレーション

　以上の深さ方向分解能の低下はイオンと固体の物理的な相互作用による効果といえるが，たとえば酸素ビームスパッタリングにより表面に酸化物が形成されると元素によっては界面に偏析が生じたり，アルカリ金属類などでは酸化膜（絶縁物）中の電界により拡散，再分布を起こしたりする現象が知られている[14,15]．図4.15は，シリコン基板中Cuの分析例であるが，O$_2^+$一次イオンの垂直入射に近い条件（図では，入射角0°および15°の場合）ではスパッタ面にSiO$_2$が形成されCuが拡散した結果，深さ分解能が著しく低下したものと解釈される[16]．酸素リーク法を用いた場合も同様に酸化が進行するため注意を要する．

4.5.4
絶縁物の分析

試料が絶縁物の場合，電子やイオンの照射によって表面に帯電（チャージアップ）現象が起こり，表面電位が所定の位置からずれるのが一般的である．試料の帯電が起こると，SIMSにおいては一次イオンの分析面への照射位置がずれたり，二次イオンの放出エネルギーや軌道が変化したりして，結果的にシグナルが弱くなり測定が困難になる．この場合，試料は二次電子の放出により通常は正に帯電するため，電子ビームを用いる他の表面分析同様，スパッタ面に電子を照射して電荷の蓄積を抑制すること（帯電補償）が行なわれる．酸素による正イオンの感度向上を期待する場合には，電子の代わりに一次イオンとしてO⁻ビームを用いることも有効とされる．四重極型SIMSでは試料が接地されているため，照射電子のエネルギーは検出する二次イオンの極性とは無関係にコントロールでき，電子ビームにより損傷を受けやすい有機材料に対しても照射条件の最適化が可能である．二重収束型SIMSの場合には試料電位が数kVに保たれているため電子銃の使用に関して制約が伴う．負イオン測定の場合には試料表面で電子ビームのエネルギーをほぼゼロにして電子を高密度に存在させ，試料が帯電した分だけ自動的に電荷が補償される自己補償型の電子銃の使用が可能であるが[17]，正イオン検出の際には逆に照射電子のエネルギーが高くなるため注意が必要である．

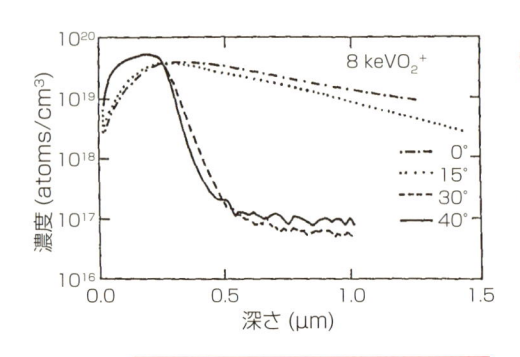

図4.15 Si中Cuの注入プロファイルの一次イオン入射角依存性

注入条件は，200 keV, 1×10^{15} ions/cm^2.
【出典】V.R.Deline, W.Reuter, R.Kelly: *Proceedings of SIMS V*, ed. by A.Benninghoven et al., p.299, Springer-Verlag（1986）.

4.6 応用例

4.6.1 半導体材料

(1) Siウェハ表面の汚染分析

　SIMSは，半導体デバイスの製造プロセスであるエッチング時の残渣や成膜中の大気成分元素の混入など汚染評価にも有効である．図4.16にSi基板上の熱酸化膜（1 μm）をCF$_4$とO$_2$の混合ガスによる反応性イオンエッチング（Reactive ion etching：RIE）で100 nm程度エッチングした際に，部材より生じた汚染を評価した事例を示す．これらは，O$_2^+$を一次イオンとして正の二次イオンを検出しており，特に左図ではSi基板に由来する妨害イオン（たとえばFe$^+$やNi$^+$に対してはSi$_2^+$が妨害となる）の寄与を除くために，二重収束型SIMSを用いた高質量分解能条件で測定している．したがって，一次イオン

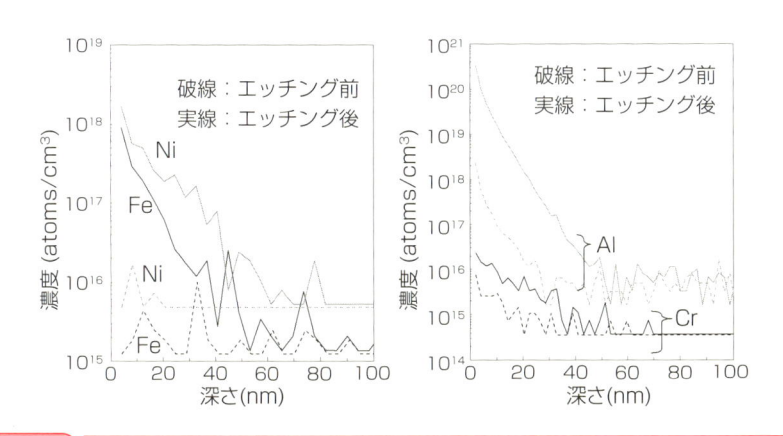

図4.16 エッチング前後における酸化膜表面の金属汚染評価

左図はFe, Ni（質量高分解能条件で測定），右図はAl, Crに着目．

表 4.2 エッチング前後における酸化膜表面の汚染量（面密度：atoms/cm^2）

	Al	Cr	Fe	Ni
エッチング前	7.5×10^{11}	5.6×10^{9}	$<2\times10^{10}$	$<2\times10^{10}$
エッチング後	1.2×10^{14}	2.6×10^{10}	6.8×10^{11}	1.6×10^{12}

のエネルギーは 5.5 kV と高く，4.5.3 項で述べたノックオン効果の影響は大きいと考えられ，図 4.16 における各元素の侵入深さは実際よりも深くまで検出されていることに注意が必要である．そのため，汚染量を比較するにはこれらのプロファイルを深さ方向に積分して求めた面密度（atoms/cm^2）として数値化するのが適している．表 4.2 に SIMS 分析結果から算出した各元素の面密度を示す．いずれの元素もエッチングを行なうことで汚染量が増加していることがわかる．Al と Cr に関しては，エッチング前の試料表面からも検出されているが，熱酸化膜形成後の保管雰囲気やサンプリング中など測定までに汚染が生じた可能性が高い．本分析結果から Fe, Ni は，10^{10}（atoms/cm^2）台の表面汚染が検出可能であり，Al, Cr に関しては，試料の取り扱いに注意すれば，10^{9}（atoms/cm^2）台の汚染評価も可能といえる．

(2) 化合物半導体の定量分析

Ⅲ-Ⅴ系化合物半導体は，発光ダイオード（LED），レーザーダイオード（LD）などの発光素子や，通信用素子，電子デバイスなどに使用されており，その用途に応じて種々の材料が用いられている．これらの材料は，Ⅲ族元素である Al, Ga, In 等と，Ⅴ族元素である N, P, As, Sb 等の組合わせにより，多様な 2 元〜4 元系の組成の異なる多層膜から成ることが多く，SIMS 分析においては先に述べたマトリックス効果により組成の異なる層で感度変化が生じるために，不純物濃度を比較することが困難な場合が少なくない．図 4.17 に示した例は，3 種類の組成の異なる In(Al$_x$Ga$_{1-x}$)P 積層膜に Zn および Mg を注入したプロファイルである．最表層の膜［組成は In(Al$_{0.7}$Ga$_{0.3}$)P］中の感度を用いて濃度換算を行なうと，2 層目および 3 層目の組成の異なる膜中では感度が異なるために Zn, Mg の濃度プロファイル（図中の破線で示したプロファ

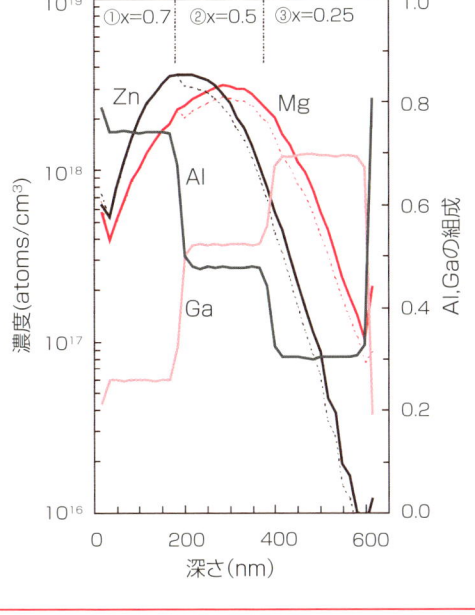

Chapter 4 二次イオン質量分析法（SIMS）

図 4.17 In（Al$_x$Ga$_{1-x}$）P 多層膜中に注入された Zn および Mg のプロファイル

破線：In（Al$_{0.7}$Ga$_{0.3}$）P 膜中の感度で定量，実線：Al 及び Ga の組成を考慮した感度で定量．

イル）はそれぞれ誤差が大きくなってしまう．しかし，測定条件やデータ処理方法を工夫して感度変化を補正することにより正確なデータを得ることが可能であり，その結果を実線で示す．各深さの組成に対応する Zn，Mg の感度で定量できているため，どちらのプロファイルとも各層の界面において連続的な分布を示していることがわかる．図 4.18 は，現実の多層膜材料中の Zn のプロファイルの定量に適用した例であるが，深さ 1.2〜1.3 μm の領域で Al と Ga の組成比が変化しているにもかかわらず，正確な Zn プロファイルの評価が可能になっている．

4.6.2
金属材料

深さ分解能を低下させる要因については 4.5.3 項で述べたが，そのいくつか

125

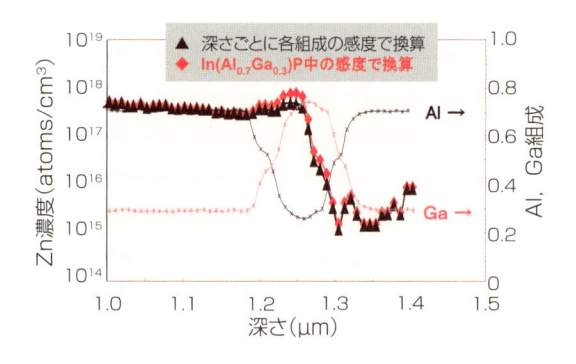

図 4.18 In（Al$_x$Ga$_{1-x}$）P 多層膜中の Zn の拡散プロファイル

は試料の裏面から測定することで排除され，真に近いプロファイルを得ることができる．試料を裏面方向から薄片化した後に SIMS 分析する方法はバックサイド SIMS と呼ばれ，その概念図を図 4.19 に示すが，金属膜より下層の分析や，高濃度成分の下地への拡散分析には非常に有効である．ここでは Cu 電極膜／バリアメタル（TaN）膜／層間絶縁膜（SiO$_2$）／Si 基板という構造の試料において，熱処理による Cu 成分の絶縁膜中への拡散を評価した例を紹介する．図 4.20 は従来の SIMS 分析で得られたプロファイルであり，表面から Cu

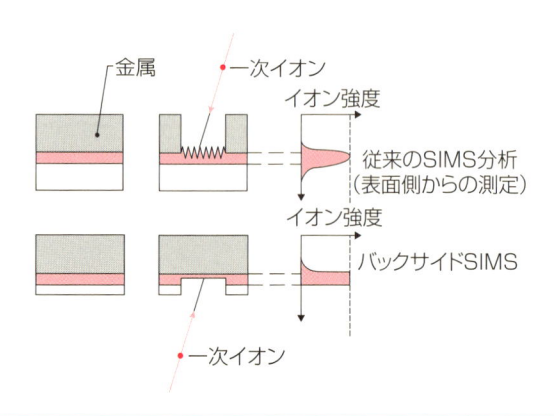

図 4.19 バックサイド SIMS の概念図

膜および TaN 膜をスパッタする最中に発達したラフネスの影響で Cu や Ta の分布は非常にブロードになっている．加えて Cu は SiO_2 中では O_2^+ スパッタによりイオン誘起拡散を受けている可能性も考えられる．Si 基板を裏面より研磨によって薄膜化した後，バックサイド SIMS を適用すると図 4.21 に示すよ

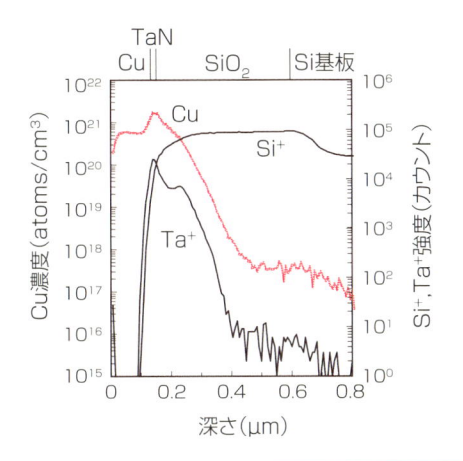

図 4.20 Cu 膜／TaN 膜／SiO_2 膜／Si 基板（熱処理あり）の SIMS プロファイル

表面側からの測定．

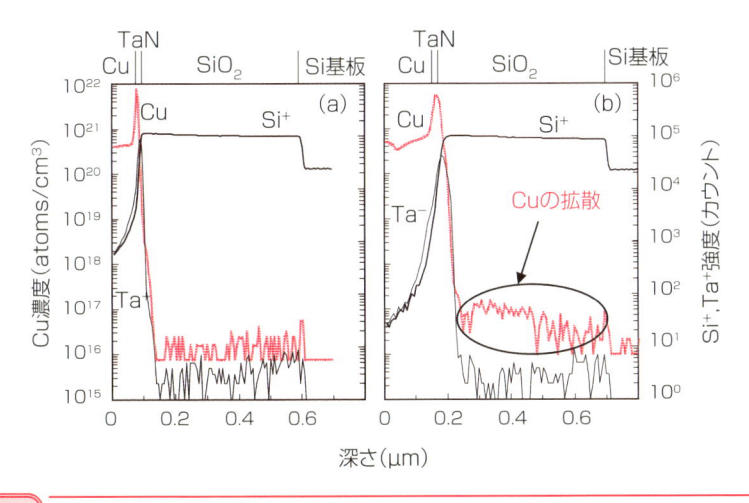

図 4.21 バックサイド SIMS の適用例：Cu 膜／TaN 膜／SiO_2 膜／Si 基板

(a) 熱処理なし，(b) 熱処理あり．

うに基板およびSiO₂膜中ではラフネスの影響は小さいため，SiO₂側界面付近のCuやTaの分布を正確に知ることができる．またCuに対しては低濃度側から測定することによりSiO₂膜中の検出下限を10^{16}atoms/cm³程度まで低減することができ，熱処理に対するバリアメタル膜の効果などが評価可能になる．前述のZalar回転を用いた表面（Cu膜）側からの分析では深さ分解能は著しく向上するが，高濃度側からの測定であるためCuの検出下限は10^{17}atoms/cm³程度と悪くなる．

4.6.3
絶縁物材料

(1) 酸化物多層膜の分析

　プラスチックレンズ表面にコートされた反射防止膜／ハードコート層多層膜における不純物分析を四重極型SIMSを用いて行なった事例を示す．すでに述べたように，絶縁物試料では一次イオン照射によりチャージアップが生じるために，これを補償する目的で分析領域に電子を照射しながら測定を行なっている．図4.22は反射防止膜中で得られた質量スペクトル（一次イオンは3kVのCs⁺であり，正の二次イオンを検出）である．これまでの例では，SIMSの特徴を活かしたデプスプロファイルの測定を中心に解説したが，原理上二次イオン種を質量分析しているわけであるから質量スペクトルを取得することによって，どのような元素が存在するかを網羅的に調べることができる．図4.22(a)ではSiやOからなるピークの強度が強く，SiO₂に特徴的なスペクトルを示していることがわかる．また不純物としてKが検出されている．図4.22(b)においてはZrのピークが特徴的であり，Zrを主成分とする酸化膜が存在することが確認できる．これらの結果をもとに，

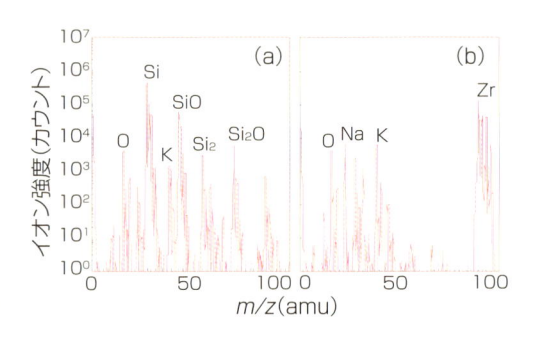

図4.22 レンズ反射防止膜の（a）SiO₂膜中，および（b）ZrO₂膜中で測定された質量スペクトル

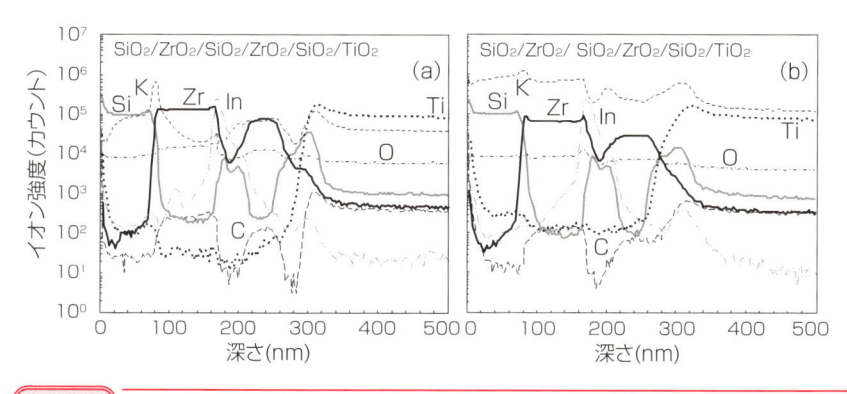

図 4.23 レンズ上多層膜（反射防止膜／ハードコート層）のデプスプロファイル
(a) 高温試験前, (b) 高温試験後.

その検出元素に対してデプスプロファイルを測定したものが図 4.23 である．反射防止膜は，$SiO_2/ZrO_2/SiO_2/ZrO_2/SiO_2/TiO_2$ の多層構造になっていること，また ZrO_2（第 2 層）／SiO_2（第 3 層）の界面には In を含む層が存在していることなどがわかる．さらに高温条件のもとで劣化試験を行なった後の試料においては，K 濃度の上昇および ZnO_2（第 4 層）中の Zr とハードコート層中の Ti との相互拡散が認められ，SiO_2（第 5 層）中での C 濃度の増加も観察された．

(2) 有機物の分析

SIMS の分析技術は半導体材料の分析ニーズに非常によくマッチし，半導体産業の発展とともに進化してきたと言っても過言ではない．一方で，SIMS は有機材料への応用にも積極的に展開され，それらの研究開発やトラブルシューティングにも活用されている．以下に，次世代ディスプレイの一つとして注目されている有機 EL 素子の劣化解析に SIMS を応用した事例を紹介する．有機 EL は図 4.24 に示すように極薄膜の有機物層や電極等の積層構造であり，試料量が少なく，酸素や水，電子線やイオンビームの照射によって劣化するなどの点で，分析が困難な対象と言える．しかし試料の前処理の工夫や測定条件の最適化により，有機物層や界面における不純物の拡散評価や劣化原因の解析が可能になってきた．図 4.25 は，有機 EL 素子の正常部，および表示不良箇所

であるダークスポット部のデプスプロファイル測定結果である．正常部，ダークスポット部ともに各層構成に対応した元素分布が得られており，両者で顕著な分布の違いは観察されていない．しかし，陰極／有機層界面の酸素の挙動に注目した場合，ダークスポット部は正常部に比べて酸素濃度が高いことがわかる．したがって本試料におけるダークスポットの発生原因は，陰極／有機層界面における酸化や水分の浸入が関与しているものと考えられる．このほか有機ELの劣化に関するものとしては，最近では高温保存や駆動時の発熱による温度上昇など高温環境における劣化が大きなテーマとなっており，素子層構造の変化や電極・電子注入層の拡散プロファイルなどの評価が非常に重要となっている．たとえば上述の構造においては，AlやLiの拡散が問題になる場合があるが，有機ELに対しても適切な前処理によりバックサイドSIMSを適用することが可能になり[18]，より正確で精密なプロファイルを提供することで問題解決に貢献できるようになったことを補足しておく．

陰極	Al
電子注入層(EIL)	LiF
発光層(EML)	Alq3
正孔輸送層(HTL)	α-NPD
正孔注入層(HIL)	CuPC
陽極	ITO
ガラス基板	

図 4.24 有機 EL の層構成

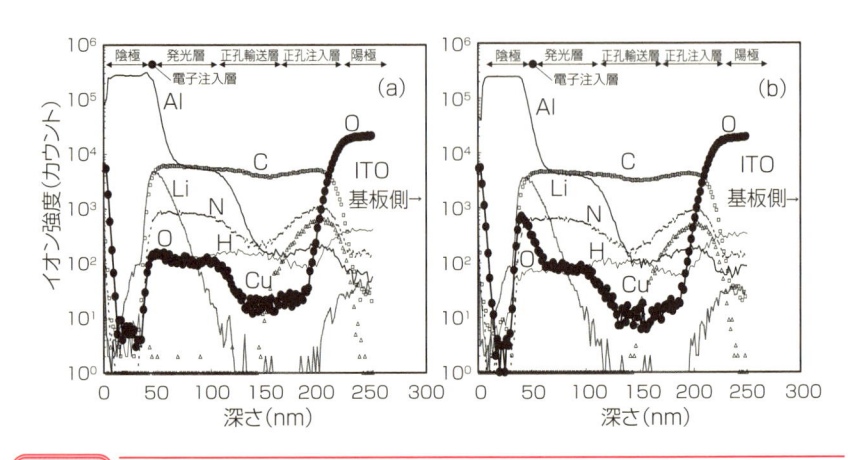

図 4.25 有機 EL 素子のデプスプロファイル
(a) 正常部，(b) ダークスポット部．

4.7 まとめ

　SIMSは最も高感度な表面分析手法としてさまざまな材料の表面組成や不純物の評価において有用性が見出され発展してきた．特に深さ方向の分析や微小部分析の機能は，半導体分野における分析ニーズと非常に良く適合し，過去の20年余におけるSIMSの技術的進化には目覚しいものがある．超高真空技術や各種イオン源の開発により不純物の検出下限は改善され，分析領域の微小化や深さ分解能の向上にも対応できるようになった．また高速計測技術やコンピュータの進歩により大量のデータ処理が可能になり，3次元的な画像によるイメージング解析なども活用できるようになった．今後はハード面だけではなく，バックサイドSIMSに象徴されるように，試料前処理を工夫することで，より付加価値の高い情報を積極的に引き出そうとする方向性や，他の表面分析手法との併用や相補的利用による総合的解釈は，ますます重要になるものと考えられる．一方で，二次イオンの生成やマトリックス効果などに関する基礎的理解は依然として十分とはいえず，特に関心の持たれる最表面や界面領域で生じる諸現象やデータの解釈に支障をきたしているのも事実である．そのため理論よりも実用性が先行し，経験に頼らざるを得ない部分も多いが，本章で述べた内容はSIMSを実際に測定してデータを取得される方はもちろん，自ら測定しなくてもデータを利用される立場の方にとっても理解しておくことが必要なSIMSの本質である．今後，SIMSのデータを正しく利用していただくための一助となれば幸いである．

参考文献

1) P.D. Townsend, J.C. Kelly, N.E.W. Hartley : in *Ion Implantation, Sputtering, and*

their Application, p.64, Academic Press (1976).
2) R.G. Wilson, F.A. Stevie, C.W. Magee : in *Secondary Ion Mass Spectrometry*, App. E.6, John Wiley & Sons (1989).
3) M.L. Yu, K. Mann : *Phys. Rev. Lett.*, **57**, 1476 (1986).
4) M.G. Dowsett, N.S. Smith, R. Bridgeland, D. Richards, A.C. Lovejoy, P. Pedrick : *Proceedings of SIMS X*, ed. by A. Benninghoven, B. Hagenhoff, H.W. Werner, p.367, John Wiley & Sons (1995).
5) R.G. Wilson, F.A. Stevie, C.W. Magee : in *Secondary Ion Mass Spectrometry*, section 2.8, John Wiley & Sons (1989).
6) K. Iltgen, C. Bendel, A. Benninghoven, E. Niehuis : *J. Vac. Sci. Technol.*, **A 15**, 460 (1997).
7) Y. Homma, S. Kurosawa, Y. Yoshioka, M. Shibata, K. Nomura, Y. Nakamura : *Anal. Chem.*, **57**, 2928 (1985).
8) K. Wittmaack : *Surf. Sci.*, **112**, 168 (1980).
9) P. Williams: in *Applied Atomic Collision Physics*, ed. by S. Datz, p.327, Academic Press (1983).
10) A. Ishitani, K. Okuno, A. Karen, S. Karen, F. Soeda : *Proceedings of Materials and Process Characterization for VLSI (ICMPC '88)*, ed. by X.-F. Zong, Y.-Y. Wang, J. Chen, p.124, World Scientific (1988).
11) A. Karen, K. Okuno, F. Soeda, A. Ishitani : *J. Vac. Sci. Technol.*, **A 9**, 2247 (1991).
12) E.-H.Cirlin, J.J. Vajo, R.E. Doty, T.C. Hasenberg : *J. Vac. Sci. Technol.*, **A 6**, 2390 (1988).
13) C.W. Magee, G.R. Mount, S.P. Smith, B. Herner, H.-J. Grossmann : *J. Vac. Sci. Technol.*, **B 16**, 3099 (1998).
14) K. Iwasaki, M. Yasutake, K. Sasaki, T. Adachi, M. Owari, Y. Nihei : *Proceedings of SIMS VI*, ed. by A. Benninghoven, A. M. Huber, H. W. Werner, p.513, John Wiley & Sons (1988).
15) P.R. Boudewijn, C.J. Vriezema : *ibid.*, p.499 (1988).
16) V.R. Deline, W. Reuter, R. Kelly : *Proceedings of SIMS V*, ed. by A. Benninghoven *et al.*, p.299, Springer-Verlag (1986).
17) G. Slodzian, M. Chaintreau, R. Dennebouy : *Proceedings of SIMS V*, ed. by A. Benninghoven, R.J. Colton, D.S. Simons, H.W. Werner, p.158, John Wiley & Sons (1986).
18) 宮本隆志, 藤山紀之 : 表面科学, **28**, 249 (2007).

Chapter 5
飛行時間型二次イオン質量分析法
(TOF-SIMS; Static SIMS)

　飛行時間型二次イオン質量分析法 (TOF-SIMS) は，半導体から高分子や生体材料まで，さまざまな固体表面について元素や化学構造の情報を与える，最も表面感度の高い分析手法の一つである．基本的な測定原理は前章の二次イオン質量分析法 (SIMS) と同じであるが，スパッタリングに用いるイオンの照射量を極端に低減することで，最表面のみから化学構造を保ったイオンを検出し，得られた質量スペクトルを解析することがこの分析の中心となる．

　本章でははじめに，知っておくべき測定原理をまとめ，次に質量スペクトルを解析するうえで重要な基礎知識について解説する．TOF-SIMS では，一つのスペクトルの解析に少なからず労力を要することになるが，そのノウハウの一端としていただきたい．また，分析事例として，半導体から，その他の電子材料，ガラス，高分子，生体材料など幅広く取り上げており，実際の分析の参考となることを期待する．

5.1 はじめに

　SIMS（二次イオン質量分析法）によって固体最表面の化学構造情報を得るというスタティック（static）SIMSの歴史は1960年代後半から始まる．スタティックSIMSでは測定時の試料表面の損傷を非常に少なくする必要があるため，プローブとして試料表面に照射するイオン（一次イオン）の量を10^{12}〜10^{13} ions/cm^2 以下（スタティック条件）に抑える必要がある．当時の装置には四重極型の質量分析計が用いられていたが，スタティック条件で発生する非常に少ないイオン（二次イオン）を効率よく検出してスペクトルを得るのに適したものではなかった．スタティックSIMSに適した質量分析計としてTOF（飛行時間）型の質量分析計が登場するのは1980年代初期である．このTOF-SIMS（time of flight secondary ion mass spectrometry）はあらゆる点でスタティックSIMSの目的に適しているため，装置の発展とともにTOF-SIMSがスタティックSIMSの代名詞のようになってきた．TOF-SIMSは感度の高さと情報量の多さから無機物，有機物を問わずさまざまな材料の表面状態解析に適用が試みられているが，そのスペクトルの解析には経験を必要とする部分も多い．本章ではTOF-SIMSの分析を行なううえで理解しておくべき重要な基本原理と一般的な解析法について解説し，半導体材料から高分子，生体材料まで代表的な分析例について紹介する．

5.2 TOF-SIMSの原理と特徴

　TOF-SIMS（スタティックSIMS）の基本原理は前章のダイナミックSIMSと同じであり，イオンによるスパッタリングで発生した二次イオンを質量分離して検出する手法である．したがって，他の分光法に比べてバックグラウンドが非常に低く，極めて高感度であるという特長は共通している．ダイナミックSIMSとの違いは一次イオンの電流密度であり，一般にダイナミックSIMSでは10^{-2}～10^{-5}A/cm^{2}程度の一次イオンが用いられるのに対し，TOF-SIMSでは10^{-9}A/cm^{2}程度であり，ドーズ量は表面へのダメージが極めて小さい10^{12}～10^{13}ions/cm^{2}以下に抑えられる．固体表面の原子密度を10^{15}atoms/cm^{2}とし，一次イオンによるスパッタ収率が10と仮定すれば，一次イオンによって損傷を受けた部位にもう一度一次イオンが当たる確率は1/100～1/10以下である．このような条件下では固体自体の表面を構成している元素が原子やクラスターの状態でイオン化される以外に，表面吸着物がそのままイオン化した分子イオンや部分的に結合が切れてイオン化したフラグメントイオンが生成される．TOF-SIMSではこれらの二次イオンを質量分析することで，付着物を含む最表面（1～2 nm）の元素および化学構造に関する情報が得られる．図5.1にIrganox 1010を2 nm以下の厚みで付着させたSiウエハ表面について，一次イオンの照射量（ドーズ量）に対する二次イオンの強度変化を示す．一次イオンが$1×10^{12}$ions/cm^{2}以下では各イオン種とも顕著な強度変化は認められないが，$1×10^{13}$ions/cm^{2}以上では分子イオンである(M＋H)$^+$は検出されなくなり，比較的大きなフラグメントイオンである$C_{15}H_{23}O^+$の強度も約1/10に減衰しており，有機物の化学構造へのダメージが認められる．

　固体表面の有機物のイオン化に関しては，Benninghovenによって示されたプリカーサーモデルが受け入れられている[1]．図5.2は一次イオンが入射した

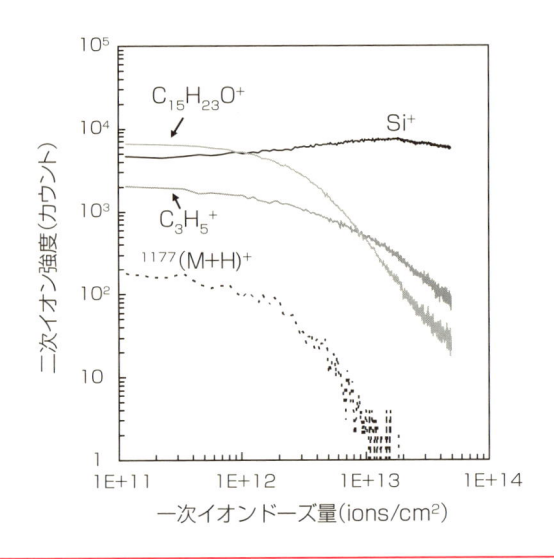

| 図 5.1 | シリコンウェハ上に付着させた Irganox 1010 の一次イオン（Bi_3^+）照射に伴う二次イオン強度の変化 |

| 図 5.2 | イオン入射によって表面に伝わるエネルギーの分布を表わす概念図 |

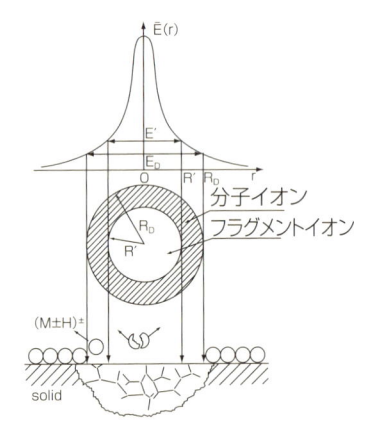

上段曲線は，r＝0 に一次イオンが入射したときに表面に伝わるエネルギーの拡がりを表わす．

【出典】A. Benninghoven：*"Proceedings of SIMS II"* ed. by C. A. Evans, Jr., R. A. Powell, R. Shimizu, A. Storm, p.116, Springer（1979）.

Chapter 5　飛行時間型二次イオン質量分析法（TOF-SIMS；Static SIMS）

ときに衝突カスケードにより表面に到達するエネルギーの平均値を入射位置からの関数として表わしたものである．入射地点に近い r＜R' の範囲では表面に伝わるエネルギーが非常に高く，吸着分子は部分的に分解してフラグメントイオンや原子イオンとなる．これに対して適度なエネルギーの伝わる R'＜r＜R_D の範囲にイオン化しやすい状態の分子（プリカーサー）が吸着していれば，分子構造を保った分子イオンとなる．近年，一次イオンとして Au^+ や Bi^+ などの重い元素を用いることが主流となっているが，一次イオンが重くなるほどイオン入射によるエネルギーの拡がりが横方向に大きくなり（R_D が大きく，R' が小さくなる），分子イオンの発生量が多くなると考えられている．このことを言い換えれば，有機物をよりマイルドな条件でイオン化できることになり，化学構造に関する情報量が多く得られる．

コラム　一次イオンのエネルギーは D-SIMS よりも小さい？

　表面のみをマイルドな条件で測定する TOF-SIMS は，D-SIMS よりも一次イオンの加速エネルギーが小さいと思われがちであるが，市販の TOF-SIMS 装置で用いられている一次イオンの加速エネルギーは 20～30 kV 程度であり，D-SIMS の一般的な測定条件よりもかなり高い．加速エネルギーを高くすると，試料内部への一次イオンの到達深さは深くなるが，放出される二次イオンは表面からのみであり，検出深さやスペクトルは大きく変わらない．加速エネルギーを高くすることで，ビームを細く収束させることができ，イメージングの分解能が向上する．

5.3 TOF-SIMS の装置

5.3.1 質量分析計

　スタティック SIMS の条件では試料に照射する一次イオンのドーズ量が極めて少ないために，発生する二次イオンもそれに対応して少なくなる．ダイナミック SIMS で用いられる二重収束型や四重極型の質量分析計では，発生した二次イオンのうち特定の質量の二次イオンだけを検出することを繰り返しながら質量スペクトルを得ることになるので効率が悪い．この点を含め，TOF（飛行時間）型の質量分析計はスタティック SIMS の分析を行なうのに適した特徴を有している．図 5.3 に TOF 型の質量分析の原理を示す．短いパルスで試料表面に照射された一次イオンにより一斉にさまざまな二次イオンが発生す

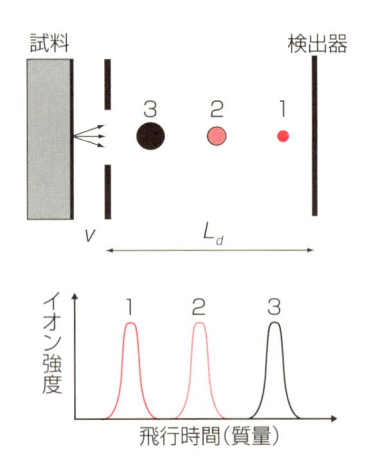

図 5.3　同時に発生した二次イオンが一定の電圧で引き出され，検出器に到達するまでの過程と出力されるスペクトルの関係を表わす模式図

Chapter 5　飛行時間型二次イオン質量分析法（TOF-SIMS；Static SIMS）

るが，発生した二次イオンは引き出し電圧（v）により一定の運動エネルギー（E_{kin}）を得て TOF 型の質量分析計へ導かれる．同じエネルギーで加速された二次イオンのそれぞれは質量（m）に応じた速度で分析計を通過するが，検出器までの距離（L_d）は一定であるため，そこに到達するまでの時間（T）は下式のように質量の関数となる．この飛行時間の分布を精密に計測することによって二次イオンの質量分布，すなわち質量スペクトルが得られる．

$$E_{kin} = \frac{mv^2}{2} \tag{5.1}$$

$$T = \frac{L_d}{v} = L_d \left(\frac{m}{2\,E_{kin}} \right)^{\frac{1}{2}} \tag{5.2}$$

TOF 型の質量分析計では，原理上，発生した二次イオンのほとんどをロスなく質量分析計に導き検出するため，少ない二次イオンを効率よく検出するのに適しており，測定質量範囲も原理上無制限（実際には m/z 10,000 程度まで）となる．質量分解能はパルス幅に大きく依存することになるが，パルス幅を 1 ns 以下にすることで容易に質量分解能（$m/\Delta m$）を 10,000 程度にすることができる．また質量精度（$\Delta m/m$）も 1〜10 ppm と非常に高い．検出できる質量範囲の広さや質量分解能，質量精度の高さは特に有機物の分析において重要である．

実際の TOF 型質量分析計はその飛行経路の構成が異なる 2 種類の装置が市販されている．リフレクトロン型装置の模式図を図 5.4 に示す[2]．二次イオンはその進行を反転させる電界のかけられたリフレクターを通過することでエネルギー分布が収束させられ，検出器に到達する．また，TRIFT 型の質量分析計の場合は前方の二つの静電レンズと後方の三つの静電アナライザーで構成されており，試料のイオン像が静電レンズで拡大された後，静電アナライザーで 270° 回転する中でエネルギー分布が収束されて検出器に到達する[3]．したがって，TRIFT 型では投影像としてのイオン像を得ることができる．イオン像の観察に関しては投影像のほかに，収束させた一次イオンを走査し，各位置での強度を画像化することでイオン像（走査像）を得る方法がある．後者の場合，イオン像の分解能は一次イオンのビーム径に依存することになるが，一般に 1 μm 程度に収束させた一次イオンを用いた場合，走査像のほうが投影像よりも

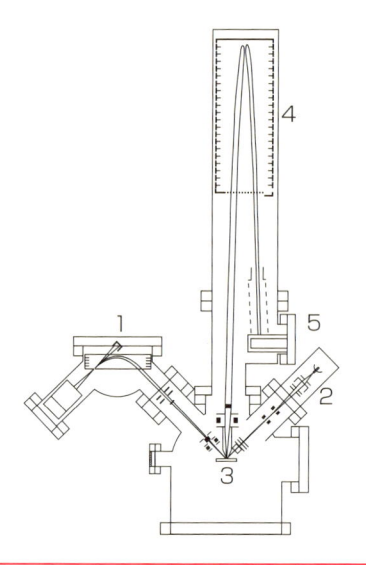

| 図 5.4 | リフレクトロン型 TOF–SIMS 装置の構成 |

1：パルス化 90°偏向器付電子衝撃型イオン源，2：液体金属イオン源，3：試料，4：1段リフレクター，5：検出器
【出典】J. Schwieters et al.：J. Vac. Sci. Technol., **A 9**, 2864（1991）.

分解能の高い像が得られる．

5.3.2
一次イオン源

　一次イオンとしてダイナミック SIMS と同じ O_2^+ や Cs^+ を使用することもできるが，照射量のきわめて少ない TOF-SIMS ではこれらのイオン種によるイオン化率向上の効果は期待できない．むしろイオンビームを微細に絞ることのできる液体金属イオン銃（LMIG：liquid metal ion gun）を用いた Ga^+ が広く用いられてきた．LMIG は液体金属をしみ込ませたフィラメントに電界をかけ，表面張力とのバランスでフィラメントの先端に形成されるテイラーコーンから微細なイオンビームを放射させるものである．Ga の融点は 29.8℃ であることから LMIG のイオン種として適したものであった．Au^+ や Bi^+ などの金属イオンも LMIG によるものであるが，液体にするためにはフィラメントを加熱する必要があり，安定したイオン放射を得るための改良が進められている．

Chapter 5　飛行時間型二次イオン質量分析法（TOF-SIMS；Static SIMS）

　LMIGから放出された一次イオンは10 ns程度のパルス幅で試料に照射されるが，このパルス幅で得られる質量分解能（$m/\Delta m$）は数百程度であり十分ではない．さらに質量分解能を上げるためにバンチングという機能が利用されることが多い．バンチングはパルス化されたイオンが二枚のプレート間を通過する瞬間に後方のプレートに電圧をかけて後方のイオンを加速させることで，パルス幅を1/10程度に圧縮する機構である．これにより質量分解能を飛躍的に向上させることができる．ただし，バンチングにより一次イオンビームに新たな収差が生じるため，空間分解能が低下することになる．したがって，実際の分析においては質量分解能と空間分解能を高いレベルで両立させることが難しく，目的に応じてバンチング機能を使い分ける必要がある．

5.3.3
クラスターイオンによる有機物の高感度化

　既述のように，市販のTOF-SIMS装置では，プローブである一次イオンとしてGa^+が主に用いられてきた．しかし，有機物による分子イオンや大きなフラグメントイオンを高感度に検出することを目的とした一次イオンとして，AuやBiなどの重いイオン種が用いられるようになっている．AuやBiのイオン源からはAu^+，Bi^+といった原子イオンだけでなく，Au_3^+やBi_3^+，Bi_3^{2+}などのクラスターイオンが発生し，これらの重いイオン種を一次イオンに用いた場合，有機物が化学構造を保ったままイオン化される分子イオンの割合が多く，部分的に開裂したフラグメントイオンにおいても，より化学構造を保持した（質量数の大きい）フラグメントイオンの割合が多くなる．図5.5は，いくつかの一次イオン種についてIrganox 1010（分子イオン）の二次イオン収率（一次イオンが1個照射されたときに発生する二次イオンの数）を示す[4]．二次イオン収率はGa^+よりもAu^+で桁違いに高く，クラスターイオンのAu_2^+やAu_3^+でさらに高いことがわかる．このことは，クラスターイオンを用いることで有機物の化学構造についての情報量が飛躍的に増大することを示している．図5.6は実際にシリコンウェハ上の微小異物を2種類の一次イオンで測定した例である．Ga^+を一次イオンとして測定した場合のイオン像では，有機物によるマトリックス効果（後述）のために有機物である異物部分で全体に強

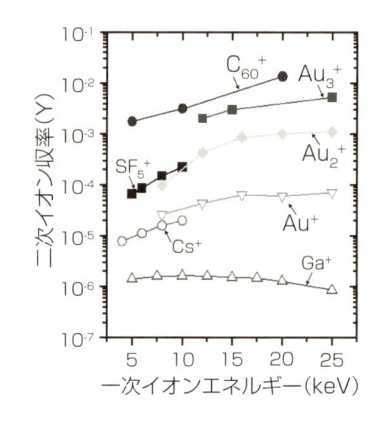

図 5.5　各種一次イオンにおける Irganox 1010（分子イオン）の二次イオン収率

【出典】R. Kersting, B. Hagenhoff, F. Kollmer *et. al.*：*Appl. Surf. Sci.*, **231-232**, 261-264 (2004).

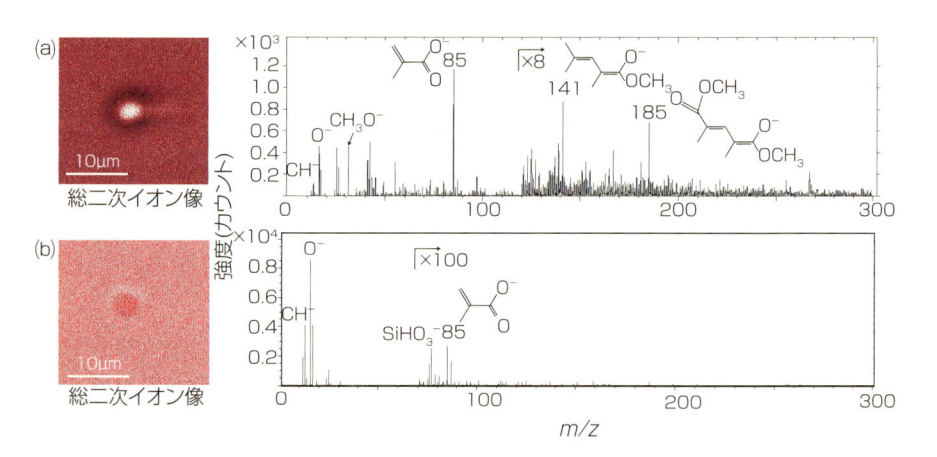

図 5.6　シリコンウエハ上の微小異物について，Au_3^+（a）および Ga^+（b）を一次イオンとして測定したイオン像とスペクトル

度が弱くなり，その部分のスペクトルを抽出しても低質量数のフラグメントイオンしか認められない．このスペクトルでは，辛うじて $^{85}C_4H_5O_2^-$ が検出されていることから異物がメタクリレートであると推定できる．一方，一次イオンに Au_3^+ を用いた測定では有機物の強度が強いため，マトリックス効果があるにもかかわらず，総二次イオン強度は異物周辺のシリコンウェハ上よりも異物

Chapter 5　飛行時間型二次イオン質量分析法（TOF-SIMS；Static SIMS）

部分で強い．異物部から抽出したスペクトルにおいても，メタクリレートに特徴的な $^{85}C_4H_5O_2^-$ が最も強いピークとして観測されているほか，さらに高質量数の $^{141}C_8H_{13}O_2^-$，$^{185}C_9H_{13}O_4^-$，$^{267}C_{13}H_{15}O_6^-$ なども検出されることから異物はポリメチルメタクリレートと同定できる．

なお，Bi は有機物の高感度化という点では Au と同程度の効果が得られるが，クラスターイオンである Bi_3^+，Bi_5^+ などの発生量が多いため，高い一次イオン電流が得られ，これらのクラスターイオンを用いた測定が短時間で行なえるメリットがある．また，Bi では二価のイオンである Bi_3^{2+} も利用でき，この場合，実効的な加速エネルギーが通常の 2 倍となるため，より空間分解能の高い分析（100 nm 以下）が可能となる．

一次イオンとしてさらに大きなクラスターイオンである C_{60}^+ も実用化されており，その効果は非常に大きいが，この場合はイオン源が液体金属イオン源でないためビーム径を 1 μm 以下に絞ることは難しく，微小部の測定や空間分解能の高いイメージング測定には適さない．なお，C_{60}^+ によるスパッタリングは試料表面のダメージが非常に小さいため，プローブ用の一次イオンとしてだけではなく，デプスプロファイル用のエッチングイオンとしても使用されつつある．

5.3.4
エッチング用イオン銃

TOF-SIMS をダイナミック SIMS として使用し，デプスプロファイルを得る試みも行なわれている．TOF-SIMS はパルス化された一次イオンを使用するため電流密度が小さく，一次イオンを照射し続けても試料表面はほとんどエッチングされないが，電流密度の高いエッチング専用のイオン銃を併設し（デュアルビーム），エッチングと TOF-SIMS 測定を交互に行なうことで深さ方向分析が可能となる．この場合，エッチング用のイオンとしてはイオン化の向上を目的に O_2^+ や Cs^+ を用いることが一般的である．TOF-SIMS による深さ方向分析では分析用の一次イオンとエッチング用イオンの条件を独立に設定することができるため，高質量分解能，高空間分解能で，かつ高深さ分解能のデプスプロファイルが可能であるが，実際に分析に用いる二次イオンの量（エッ

チングを除く部分）は連続的な一次イオンビームを用いる通常のダイナミック SIMS よりも少なく，感度が一桁程度低くなる．なお，TOF-SIMS でデプスプロファイルを測定する場合でもエッチングのために照射されるイオンのドーズ量は非常に多いため，測定面はダメージが大きく，特殊な条件での測定を除いて，得られる情報はダイナミック SIMS と同様に元素情報のみである．

　近年，有機物の化学構造を保った状態での深さ方向分析の研究がさかんに行なわれており，エッチング用のイオンとして C_{60}^+ を用いることで，高分子の化学構造を保った二次イオンを安定して検出できる例が報告されている[5]．ただし，すべての高分子に適用できるわけではなく，むしろ通常の O_2^+ や Cs^+ のエッチングイオンを 200 eV 程度の超低加速で使用したほうが化学構造を保った二次イオン（フラグメント）を安定して検出できる高分子もある[6]．さらに，Ar_{1500}^+ などの大きなクラスターを用いたスパッタリングも研究されており，今後の発展が期待される[7]．

5.3.5
帯電中和銃

　絶縁物の測定に欠くことのできない機能が帯電中和銃である．TOF-SIMS で使用するような少ない一次イオンのドーズ量であっても，スパッタリングで放出される二次電子により絶縁物の試料表面は正に帯電する．帯電の影響はスペクトルに顕著にみられ，質量分解能の低下や本来検出されるべき高質量数のピークが現われないなど深刻な問題となる．大抵の場合，低加速（20 eV 程度）の帯電中和銃（フラッドガン）により一次イオンパルスの合間に電子のパルスを照射することで帯電を補償することができる．ただし，付着物の脱離など電子による試料表面のダメージがみられる場合もあるため，使用する帯電中和銃の電流値は最低限に抑えるべきである．

5.4 スペクトル解析の基礎

5.4.1 TOF-SIMS スペクトルの特徴

TOF-SIMS の分析において最も難しく時間を要するプロセスは，スペクトルの解析である．スペクトルには基材に由来するピークのほか，表面付着物による多数のピークが現われる．表面付着物の中にはほとんどの場合，予想外の表面汚染も含まれており，その多くは有機物である．TOF-SIMS は単離された化合物を同定する場合とは異なり，常に複数の化合物による複数のピークがひとつのスペクトルとして出力されるところに解析の難しさがある．実際の作業としては，ピークをひとつずつ帰属しつつ，スペクトルのライブラリなどを参照しながら表面に存在する複数の成分を同定することになるが，ここでは一般的な解析の際に常に念頭に置くべき知識について解説する．

5.4.2 正イオンと負イオンの特徴

イオンを検出する質量分析に共通したことであるが，得られるスペクトルには正イオンと負イオンの2種類がある．原子イオンについて概して言えば，イオン化ポテンシャルの小さい元素は正イオンとして検出されやすく，電子親和力の大きい元素は負イオンとして検出されやすい．

イオン性化合物からは多数の強いピークが検出されるが，TOF-SIMS で検出されるピークのほとんどは一価のイオンであるため，構成元素の原子価から検出されるピークを帰属（または予測）することは容易である．たとえば塩化ナトリウムを測定した場合，正イオンとしては Na_2Cl^+，$Na_3Cl_2^+$ などが検出され，負イオンでは $NaCl_2^-$，$Na_2Cl_3^-$ などが検出されることになる．価数による

イオン種の推定はイオン性化合物だけでなく，無機化合物全般に拡張することができる．アルミニウムの表面を測定した場合，表面酸化物のために負イオンでは $(Al_2O_3)_n AlO_2^-$，$(Al_2O_3)_n OH^-$ と表わせるピークが特に強く検出されるが，それらのイオン種に含まれる Al と O の数はそれぞれの原子価（Al は＋3価，O は－2価）によって理解できる（図5.7）．

有機物に関しても，化合物により正イオンで特徴的なイオン種が検出される場合と，負イオンのほうが特徴的な場合がある．たとえば，アミノ基を有する R－NH_2 のような化合物は R－NH_3^+ として検出され，カルボン酸を有する R－COOH のような化合物は R－COO^- として検出されやすい．また，正，負両方にイオン化する化合物の場合は，その両イオンを確認することで同定の精度が向上する．したがって，未知の付着物などを同定する目的で分析を行なう場合は正，負イオンを両方測定する必要がある．なお，有機物のイオン化に関しては開裂や転位など化合物の種類ごとにフラグメンテーションの特徴があり，有機分析で用いられている電子衝撃（EI）イオン化法による質量分析との類似点も多い．

5.4.3
高質量分解能を利用した帰属

バンチング機能を用いた通常の測定モードではスペクトルの分解能と精度は

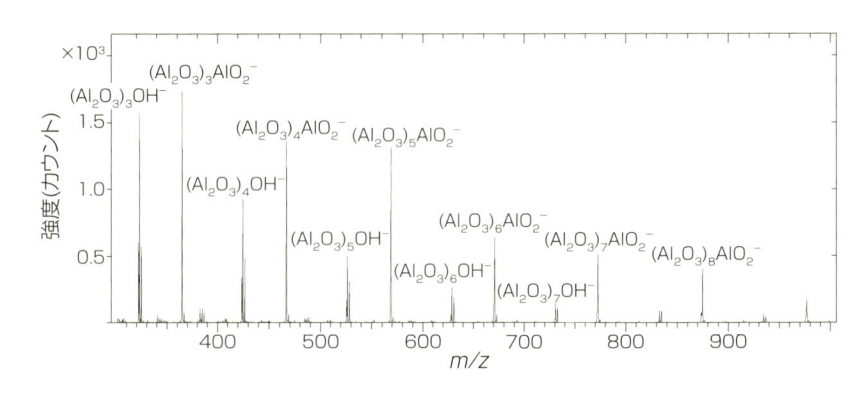

図5.7 アルミニウム（表面酸化膜を含む）表面の負二次イオンスペクトル

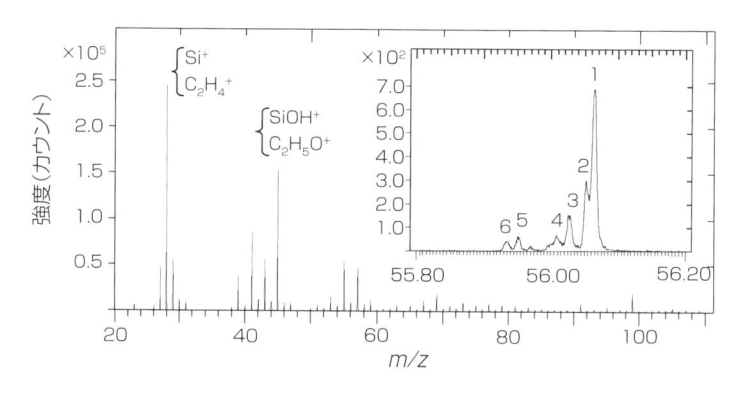

Chapter 5　飛行時間型二次イオン質量分析法（TOF-SIMS；Static SIMS）

ピークNo.	m/z（測定値）	推定されるイオン種	質量数（計算値）
1	56.063	$C_4H_8^+$	56.0626
2	56.051	$C_3H_6N^+$	56.0510
3	56.026	$C_3H_4O^+$	56.0259
4	56.008	$SiC_2H_4^+$	56.0082
5	55.951	Si_2^+	55.9539
6	55.934	Fe^+	55.9331

図5.8　シリコンウエハ表面の正二次イオンスペクトルと m/z 56 付近にみられるピークの精密質量数による帰属

非常に高く，精密質量数の測定が行なえるため，ピークの帰属に大いに役立つ．たとえば，図5.8に示すスペクトルはシリコンウエハ表面を測定したものである．広範囲の質量域のスペクトルを見ただけでは正確な帰属が難しいが，それぞれのピークを拡大してみると，m/z 56 のピークには基材に由来する Si_2^+ のピークをはじめ，表面汚染有機物による $C_4H_8^+$，$C_3H_6N^+$，$C_3H_4O^+$ などや金属汚染による Fe^+ がはっきりとピーク分離されていることがわかる．これは元素の質量数を精密質量数で見た場合，周期表のN（窒素）／O（酸素）を境に原子番号の小さい元素は対応する整数値の質量数よりもやや高く，原子番号の大きい元素は対応する整数値の質量数よりもやや低いためである（たとえば ^1H の精密質量数は 1.00785，^{28}Si は 27.97693）．このことからわかるように，無機元素を含まない有機物のピークは常に整数値よりも若干高い位置に現われる

ことになり，有機物と無機物のピークを判別することは概して容易である．ただし，有機物によるピークは質量数が大きくなるに従って質量分解能と精度の高さだけでは帰属できなくなる．これは精密質量数においてもそれに対応する元素の組み合わせの候補が多数存在するからである．通常，市販の解析ソフトには精密質量数で元素の組み合わせを計算する機能があり便利であるが，精密質量数のみに頼り過ぎるべきではない．得られた元素の組み合わせが化学的に妥当なイオン種かどうかを検討しながら複数の視点で帰属を決定する必要がある．

5.4.4
同位体比を利用した帰属

多くの元素には同位体が存在するため，質量スペクトルにもその同位体比が反映されている．特に無機元素の中には特徴的な同位体比を有するものが少なくないので，できるだけ同位体比を覚えておくとよい．たとえば，銅は ^{63}Cu と ^{65}Cu が約7:3で存在するため，Cu$^+$のピークは m/z 63 と 65 にこの強度比で検出されることになる．また，Cuを二つ含む Cu$_2^+$ のピークは m/z 126, 128, 130 に約7:10:3で検出される．なお，有機物を構成する主な元素であるH，C，O，Nにも同位体は存在するため，高質量数のピークの帰属において同位体比が参考になる場合がある．図5.9は m/z 338にピークをもつ有機物のスペクトルであるが，m/z 339, 340 に同位体のピークが認められる（m/z 340には同位体以外の寄与がある）．m/z 338 と m/z 339 のピーク強度比 I(^{339}M)／I(^{338}M) は 0.255 であるが，このピークの帰属の候補となるいくつかの分子式について同位体比（理論値）を計算すると，C$_{22}$H$_{44}$NO$^+$ の 0.256 が実測値に最も近い．また，スペクトルにおける m/z 339 のピークの精密質量数は m/z 338.347 であり，この値も C$_{22}$H$_{44}$NO$^+$ の質量数（計算値）である 338.3423 u が他の候補よりも近いことから，このピークの帰属として妥当と考えられる．なお，C$_{22}$H$_{44}$NO$^+$ はエルカ酸アミドのプロトン化した分子イオンである．

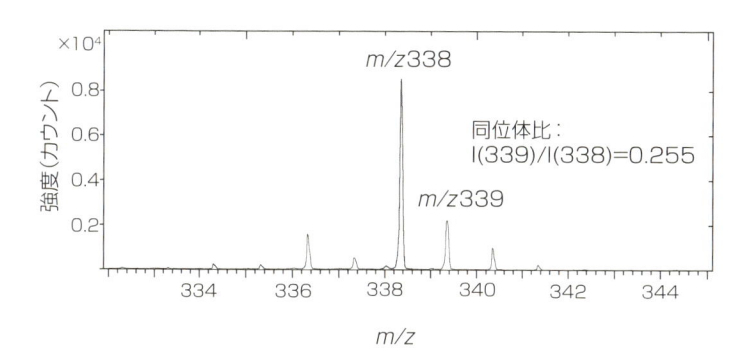

Chapter 5 飛行時間型二次イオン質量分析法 (TOF-SIMS；Static SIMS)

分子式	質量数(計算値)	同位体比(計算値) I(339)/I(338)
$C_{21}H_{42}N_2O^+$	338.3297	0.248
$C_{20}H_{42}N_4^+$	338.3409	0.244
$C_{22}H_{44}NO^+$	338.3423	0.256
$C_{21}H_{44}N_3^+$	338.3535	0.251
$C_{23}H_{46}O^+$	338.3549	0.263

図 5.9 m/z 338 にメインピークをもつ有機物の同位体比を表わすスペクトルとその候補となる主な分子式から求められる同位体比

5.4.5
試料表面の化学状態とマトリックス効果

金属や半導体の表面を測定した場合，そのスペクトルには基材である金属や半導体の原子イオンのほか，表面の化学構造を反映したフラグメントイオンが検出される．図 5.10 に自然酸化膜を有するシリコンウエハ表面（アンモニア過水で洗浄）の正二次イオンスペクトルと，希フッ酸で酸化膜を除去したウエハ表面のスペクトルを示す．アンモニア過水で洗浄したウエハ表面では$SiOH^+$が相対的に強く，酸化膜の特徴を示しているが，希フッ酸で酸化膜を除去したウエハ表面では水素終端されたシリコン表面を反映したSiH^+の強度が比較的強い．このように表面の化学状態を定性的に調べることができるが，原子イオンであるSi^+の絶対強度は大きく異なっており，酸化膜表面では水素終端され

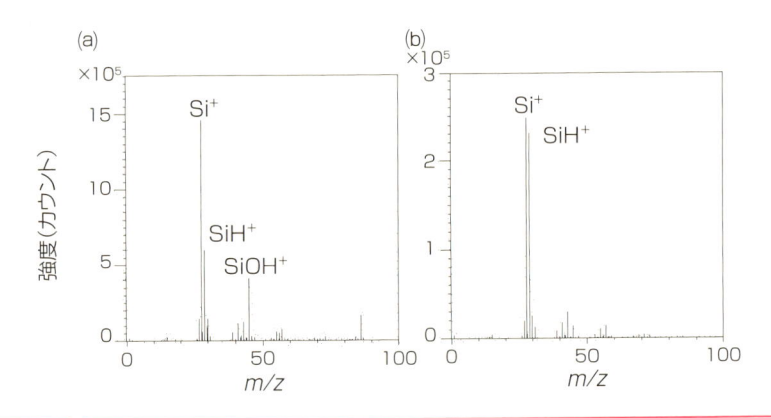

図 5.10　シリコンウェハ表面の正二次イオンスペクトル

(a) 自然酸化膜を有する表面，(b) 希フッ酸により自然酸化膜を除去した表面（水素終端）．

た表面よりも Si$^+$ が 5 倍以上強い．これは同種の二次イオンであっても表面の化学状態によってそのイオン化率が異なるためであり，その影響は基材によるイオン種だけでなく表面付着物の二次イオンにも影響が及ぶ（マトリックス効果）．特に表面の酸素濃度が高いと，正イオンのイオン化率が劇的に向上することになる．したがって，異なる種類の基材表面を測定する場合はもとより，同種の基材を測定する場合でも，表面の化学状態（特に酸化度）が異なる試料間では，検出された各成分の存在量をそのピーク強度で単純に比較することはできない．なお，イオン化率に影響を及ぼす表面からの深さは 1〜2 nm であり，その領域の組成や化学状態が同等とみなせれば，ピーク強度で各成分の存在量を比較することができる．

5.4.6
TOF-SIMS による定量分析

　TOF-SIMS のスペクトルにおけるそれぞれのピーク強度は，単純に存在量に換算することができない．たとえば，一つのスペクトルの中で Na$^+$ と Zn$^+$ が同じピーク強度で検出された場合，実際の存在量は亜鉛がナトリウムよりも 1000 倍以上多い．これはナトリウムのイオン化率が亜鉛よりも高いためであり，各元素の濃度を比較するには感度差を補正するための相対感度因子

Chapter 5　飛行時間型二次イオン質量分析法（TOF-SIMS；Static SIMS）

（RSF: Relative Sensitive Factor）をピーク強度に乗じる必要がある[8]．しかし，RSFの値は測定している基板の組成や化学状態によって異なる（マトリックス効果）ため，TOF-SIMSで定量分析を行なうには測定する基板の種類ごとに表面濃度が既知の標準試料を測定し，各元素のRSFを求める必要がある．このことは元素だけでなく，有機物の定量においても同様であるが，表面濃度が既知の標準試料を作製する方法が確立されていないため，TOF-SIMSで表面濃度を求めるような定量分析は容易ではない．図5.11は，銅表面のベンゾトリアゾール（防錆剤）をTOF-SIMSで定量するために，銅板上に濃度が既知のベンゾトリアゾールの溶液を滴下し，その液滴の広がり面積から換算した表面濃度とTOF-SIMSで測定したときのピーク強度（分子イオン$C_6H_4N_3^-$のCu^-による規格化値）の関係を示す．比較的低濃度の範囲では表面濃度とピーク強度は比例し，検量線として使用できる．

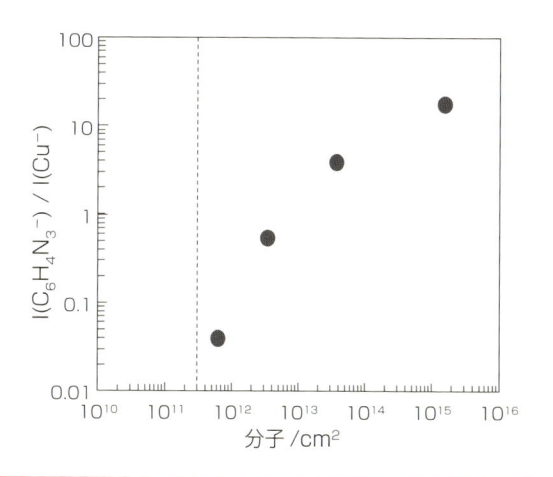

図5.11　銅表面に付着させたベンゾトリアゾールの表面濃度とピーク強度の関係

5.5 応用例

5.5.1
高分子材料

(1) 高分子材料における TOF-SIMS 分析の実際

　高分子の TOF-SIMS スペクトルからは，XPS で得られるような元素やそのミクロな結合状態の情報だけでなく，もう少し大きいユニットでのいわばマクロな化学構造情報を得ることができる．高分子を測定した場合，そのスペクトル中には構成元素による原子イオンのほか，その高分子に特有のペンダント構造や末端基構造，モノマー（オリゴマー）ユニットなどが脱離イオン化することで生成されたフラグメントがピークとして現われる．したがって多くの場合，種類の異なる高分子からはまったく異なったスペクトルが得られ，高分子の同定や構造解析が可能である．これまでにさまざまな種類の高分子についてのスペクトルが測定され，データベース化されている[9]．

　一般に，工業的に用いられている高分子材料には，通常その特性を最適化するために酸化防止剤，紫外線吸収剤，光安定剤，可塑剤，滑剤，帯電防止剤などの添加剤が付与されている．したがって，このような高分子表面を TOF-SIMS で測定した場合，高分子によるフラグメントイオンと同時に添加剤によるフラグメントイオンや分子イオンが検出されるため，スペクトルは複雑となる．しかし，添加剤によるピークが特定できれば，高分子表面への添加剤のブリードアウトの定量や分布観察が可能であり，TOF-SIMS で得意な分析のひとつとなっている．一方，UV 照射やコロナ放電，プラズマ処理などの表面改質に対して，TOF-SIMS では表面の化学構造変化は酸素を含むフラグメントの増加などにより確認できるものの，そのスペクトルから化学構造変化の詳細を解析することは難しく，この目的においては XPS や FT-IR の測定と併せて

Chapter 5 飛行時間型二次イオン質量分析法（TOF-SIMS；Static SIMS）

考察する必要がある．

(2) ポリエチレンテレフタレート（PET）表面の分析

　加熱処理したPET表面の二次イオンスペクトルと同時に得られたイオン像を図5.12に示す．スペクトルでは比較的小さい炭化水素フラグメント（$C_xH_y^+$）やエステル部分からの酸素を含むフラグメント（$C_xH_yO_z^+$）などがm/z 100までの低質量域に多数みられ，その中ではベンゼン環に由来する$^{76}C_6H_4^+$が特徴的である．さらに大きなフラグメントとしてフタル酸エステルに特徴的な$^{104}C_7H_4O^+$，$^{149}C_8H_5O_3^+$やモノマーの化学構造に対応する$^{193}(M+H)^+$，さらにダイマーやトリマーの構造に対応する$^{385}(2M+H)^+$，$^{577}(3M+H)^+$などが認められる（MはPETのリピートユニットを表わす）．一般に高分子表面の分析においてオリゴマーに対応するピークは高分子自体からもフラグメントとして検出される可能性はあるが，表面に存在するオリゴマーが分子イオンとし

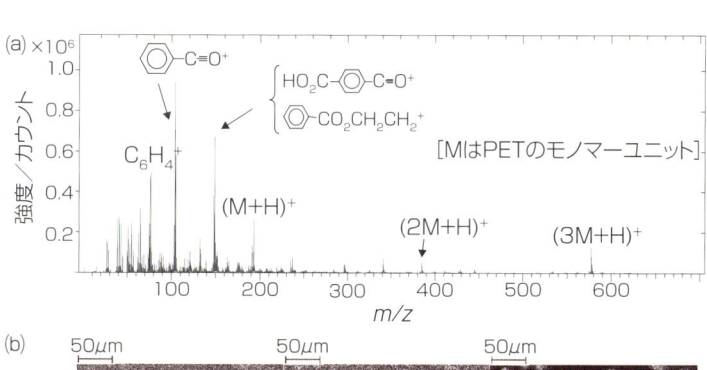

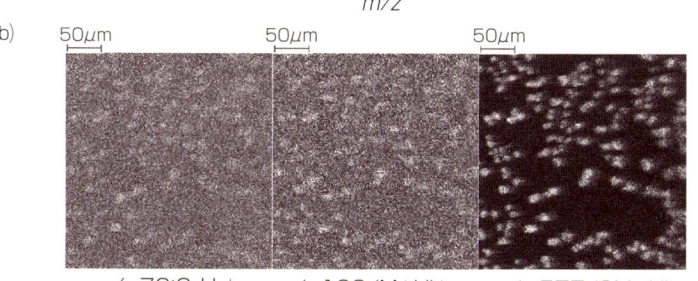

図 5.12　加熱処理したPETフィルム表面の正二次イオンスペクトル（a）とイオン像（b）

て検出されている可能性もある．イオン像ではベンゼン環による $^{76}C_6H_4^+$ やモノマーに対応する $^{193}(M+H)^+$ は測定領域全体から検出されているが，トリマーに対応する $^{577}(3M+H)^+$ は島状の部分に局所的に見られ，$^{577}(3M+H)^+$ は表面に析出したトリマーの結晶を表わしている[10]．一般に，オリゴマーはその高分子と化学構造が類似しているため，高分子表面において区別して分析することが難しいが，TOF-SIMSではその分布をイオン化の違いによって識別できる場合がある．

(3) ポリプロピレン（PP）成型品の劣化分析

図5.13は耐候性加速試験を行なったPP成型品について，ミクロトームによる断面作製を行ない，表面近傍のTOF-SIMS分析を行なったスペクトルである．スペクトル中にはヒンダードフェノール系酸化防止剤による $^{219}C_{15}H_{23}O^+$ やリン系酸化防止剤による $^{647}(C_{14}H_{21}O)_3PH^+$，その酸化成分 $^{663}(C_{14}H_{21}O)_3POH^+$ が特徴的に見られるほか，フィラーとして添加されているタルクによる $^{28}Si^+$ や $^{24}Mg^+$ が認められた．また，PPの酸化を示すと思われる $^{43}C_2H_3O^+$ のピークもわずかに認められる．イオン像（図5.14）によると，成型品の表面約100 μmの領域でPPの酸化（$^{43}C_2H_3O^+$）が強くみられ，その領域ではタ

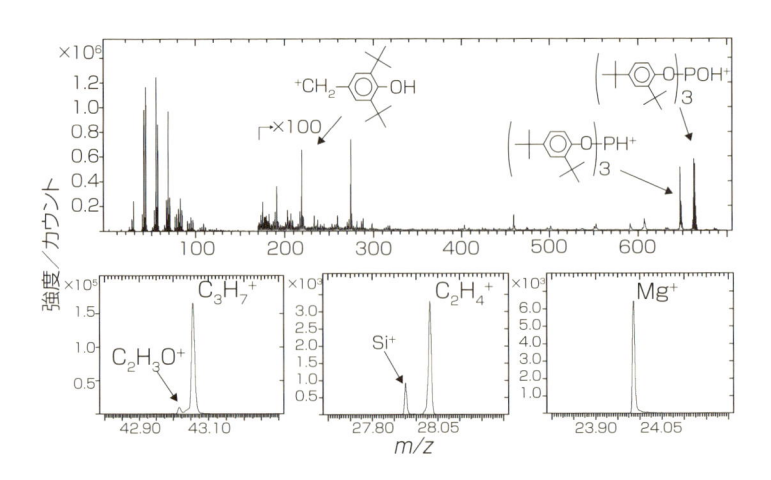

図5.13 耐候性加速試験を行なったPP成型品の断面の正二次イオンスペクトル

Chapter 5　飛行時間型二次イオン質量分析法（TOF-SIMS；Static SIMS）

総正2次イオン　　　$C_2H_3O^+$　　　Si^+, Mg^+

$C_{15}H_{23}O^+$
（ヒンダードフェノール系酸化防止剤）

$(C_{14}H_{21}O)_3PH^+$
$(C_{14}H_{21}O)_3POH^+$
（リン系酸化防止剤）

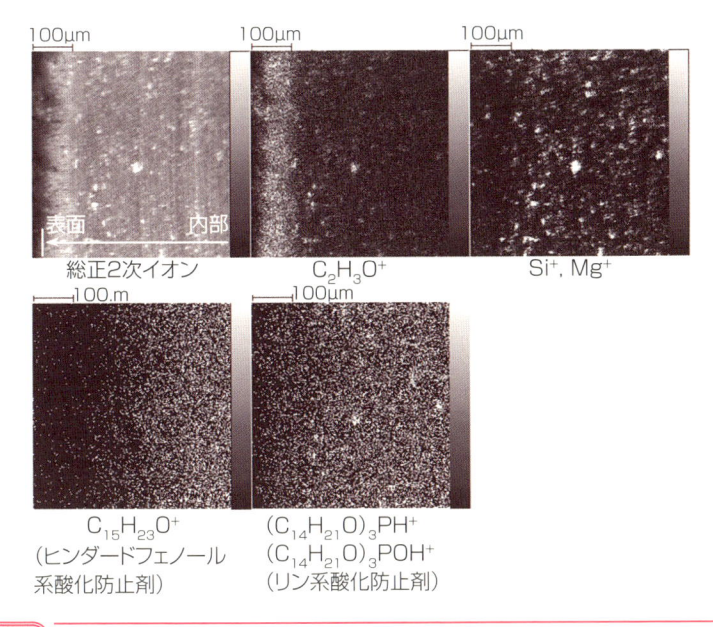

図5.14 耐候性加速試験を行なったPP成型品の断面のイオン像

ルクの粒子が減少している．また，ヒンダードフェノール系酸化防止剤は表面から約300 μmの領域で顕著に減少しているが，リン系酸化防止剤の濃度勾配は小さいことが捉えられている．このように樹脂内部における添加剤成分の分布観察も可能であるが，TOF-SIMSは表面感度が高いため，断面作製時の汚染には十分注意する必要がある．

(4) 分子量分布の測定

通常，フィルムや成型品などの高分子表面を測定した場合，分子量の大きい高分子が分子イオンとしてそのままイオン化されることはない．しかし，銀の上に単分子層レベルで高分子を薄く付着させた状態などで測定を行なうことにより，高分子がその分子量を保ったままイオン化した分子イオンを検出することも可能な場合がある．図5.15は銀板上に単分子層レベルで成膜したポリスチレンを測定した例である．銀によるカチオニゼーションとよばれる効果で，高分子に銀が付加した$(M+Ag)^+$の分子量分布がm/z 2200～6000にみられ，

155

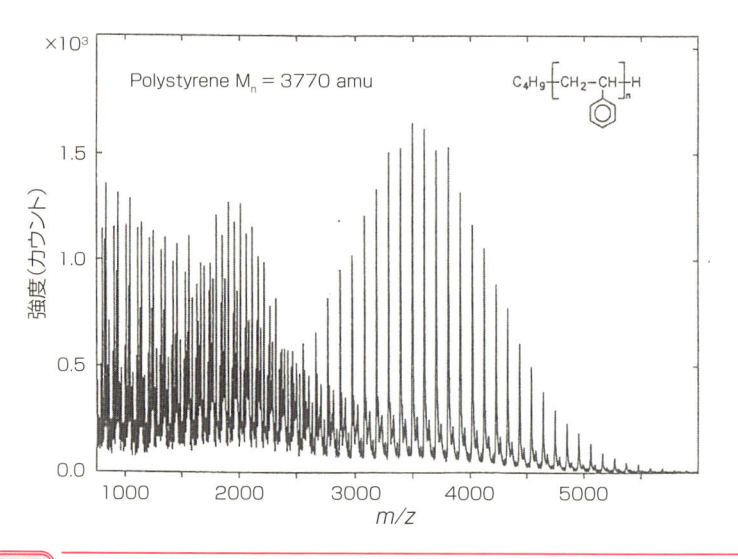

図5.15 銀板上に薄く付着させたポリスチレンの正二次イオンスペクトル

【出典】D. V. Leyen, B. Hagenhoff, E. Niehuis, A. Benninghoven : *J. Vac. Sci. Technol.*, **A 7**, 1790（1989）.

$(M+2Ag)^{2+}$に対応するピークがm/z 1200〜2500に認められる[11]．なお，このような特殊な分析をしなくても，スペクトルには分子量に関する情報が含まれている場合がある．一般に分子量が小さいということは，末端基の割合が多いことに対応する．したがって，末端基に由来するフラグメントイオンが特定できれば，そのピーク強度（骨格に由来するフラグメントイオンなどに対する相対強度）と分子量に相関を見出すことができる．

（5）気相化学修飾法を用いた官能基の分布観察

接着性の向上を目的としたコロナ放電処理などの表面改質においては，一般にヒドロキシ基やカルボキシ基が高分子表面に導入され，これらの官能基が接着性の向上に寄与していることが知られている．これらの官能基の変化を定量的に評価することは重要であり，XPS測定（気相化学修飾法）などが利用されている[12]．残念ながらTOF-SIMSのスペクトルにおいて，これらの小さな官能基に特有のイオン種（他の官能基の影響を受けないイオン種）はみられな

Chapter 5　飛行時間型二次イオン質量分析法（TOF-SIMS；Static SIMS）

い．たとえば，酸素を含む高分子の負2次イオンスペクトルにはOH$^-$やHCOO$^-$といったフラグメントイオンが検出されるが，これらはそれぞれヒドロキシ基やカルボキシ基を直接反映したものではなく，エーテルやエステルなどの寄与も大きい．もう少し大きな化学構造として捉えられる$^+$CH$_2$OHや$^+$CH$_2$COOHなどのフラグメントイオンでは他の官能基の影響は少なくなるが，官能基が結合している骨格部分の化学構造によってはさまざまに異なったフラグメントイオンとなることも考慮しなければならない．もちろん，これらのフラグメントイオンの解析は化学構造変化の詳細を理解するうえで重要であるが，非常に複雑な化学構造変化が予想される系では難解である．フッ素系試薬でヒドロキシ基やカルボキシ基をラベル化する気相化学修飾法は，これらの官能基を他の酸素を含む官能基と明確に区別し，高感度で検出するための前処理としてTOF-SIMS分析にも有用である．図5.16はPETフィルムの光入射面上に金属のメッシュを置き，紫外線照射を行なった試料についてTOF-SIMS測定を行なったイオン像である．化学修飾前ではOH$^-$などのイオン像においてメッシュに対応したコントラストが見られるものの鮮明ではない．一方，気相化学修飾法を用いた測定ではヒドロキシ基と反応したラベル化試薬である無

(a) 化学修飾前

CH$^-$, C$_2$H$^-$　　30μm　　OH$^-$　　^{121}C$_7$H$_5$O$_2$$^-$, ^{165}C$_8H_5O_4$$^-$

(b) 化学修飾後

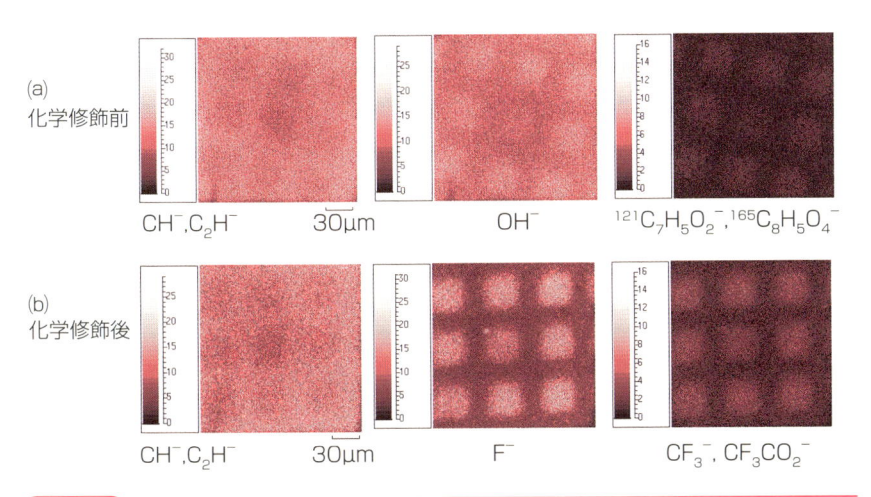

CH$^-$, C$_2$H$^-$　　30μm　　F$^-$　　CF$_3$$^-$, CF$_3CO_2$$^-$

図5.16　メッシュを載せてUV照射を行なったPETフィルム表面の負二次イオン像
（a）化学修飾前，（b）化学修飾後．

水トリフルオロ酢酸によるフッ素を含むフラグメントが強く観測されており，フッ素（F⁻）のイオン像ではメッシュに対応した明瞭なコントラストが得られている．このフッ素の分布は光劣化によって導入されたヒドロキシ基の分布を表わしていることになる．一般に，イオン像はそのピーク強度が比較的強くなければ明確な分布を捉えることが難しいが，フッ素はTOF-SIMSで非常に感度の高い元素であるため分布観察に有効である[13]．

5.5.2
ガラス材料

　ガラスは建材をはじめ，光学レンズ，ディスプレイ，ガラス繊維強化樹脂，光ケーブルなどさまざまな分野で使用されており，その種類も多い．ガラスについて表面分析を行なう主な目的は，その表面元素組成や濡れ性を左右するシラノール基などの表面官能基を定量することのほか，表面汚染の定性分析などである．ガラス表面の官能基をTOF-SIMSで定量する試みも行なわれているが，TOF-SIMSで検出されるSiOH⁺やOH⁻などのイオン種の強度が単純にシラノール基や水酸基の存在量に対応していないことも多く，この目的でのTOF-SIMSの活用は進んでいない[14]．一方，TOF-SIMSは表面汚染の分析と微量な不純物元素の分析に有効な場合が多い．

　図5.17はノニルフェノールEO化合物を界面活性剤として含む洗浄液で溶液洗浄したガラス表面について，表面に残存する洗剤をUV照射（UV／オゾン）により分解除去したときの残存量の変化をTOF-SIMSで調べたものである．溶液洗浄直後のスペクトルではノニルフェノールEO化合物のフラグメントである²¹⁹C₉H₁₉(C₆H₄)O⁻や¹³³C₉H₉O⁻が強く認められ，ガラスによる⁶⁰SiO⁻が非常に弱いことから，ガラス表面が界面活性剤で覆われていることがわかる．UV照射時間によるピーク強度の変化を調べると，ノニルフェノールEO化合物のピークは徐々に減衰し，約6分で検出されなくなった．一方，ガラスによる⁶⁰SiO⁻はノニルフェノールEO化合物の減衰とともに，強く検出されるようになり，表面付着物が分解除去される様子が捉えられている．

　図5.18は光ファイバー断面の正二次イオン像である．コアに対応する中心約10 μmφ以下の領域で屈折率を上げるために添加されているゲルマニウムが

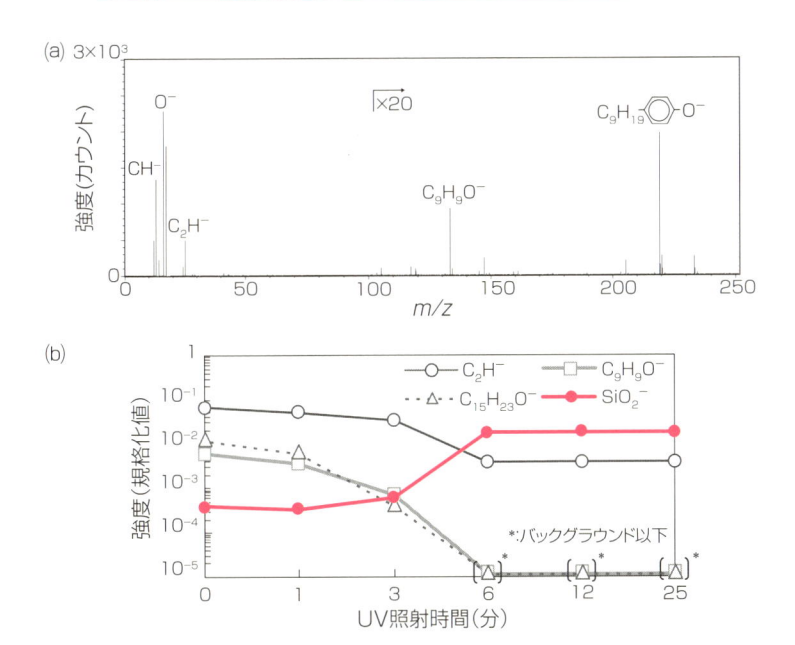

Chapter 5　飛行時間型二次イオン質量分析法（TOF-SIMS；Static SIMS）

図 5.17　界面活性剤で溶液洗浄したガラス表面の負二次イオンスペクトル（a）とUV照射によるピーク強度の変化（b）

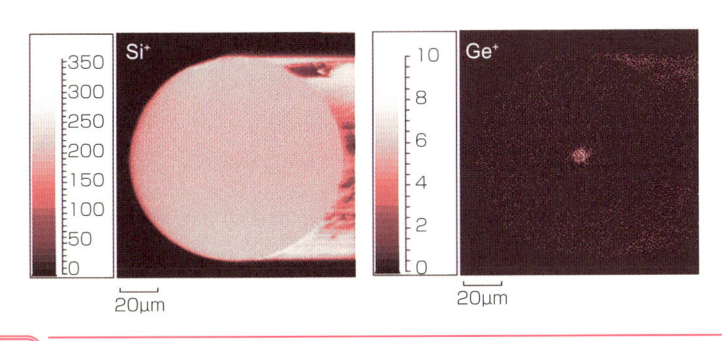

図 5.18　光ファイバー断面の正二次イオン像

検出されている．ガラス断面の元素分析では，EPMAにより同様の分布観察のほか，定量分析が可能であるが，ごく微量な不純物元素でもガラスの屈折率は変化するため，局所的な白濁や変色などのトラブルシューティングにおいて感度の高いTOF-SIMSが必要となる場合も多い．

5.5.3
電子材料
(1) 配線表面の分析

図5.19はポリイミド上にパターニングされた銅配線（FPC: Flexible Printed Circuits）の表面を測定した例である．銅配線上には金メッキが施されているため，本来 TOF-SIMS の検出深さでは銅は検出されないはずであるが，スペクトルにおいて Au^+ のほかに Cu^+ が検出されている．このことは金メッキ中における銅の表面へのマイグレーションを示唆している．また，有機物としてポリジメチルシロキサン（シリコーン）による $Si(CH_3)_3^+$, $Si_2O(CH_3)_5^+$ などが特徴的に見られ，m/z 500～2000 付近にポリジメチルシロキサンのリピートユニット $\{SiO(CH_3)_2\}$ に対応する 74 u おきのピーク群がみられる．これらのピーク群は分子量分布を表わしており，電子部品の部材として使用されているシリコーン樹脂の低質量成分や他の高分子材料に含まれる添加剤が雰囲気汚染として配線表面に付着したものと推定される．

(2) ハードディスク表面の分析

ハードディスクは一般に NiP メッキを施したアルミ基板の上に Co, Cr など

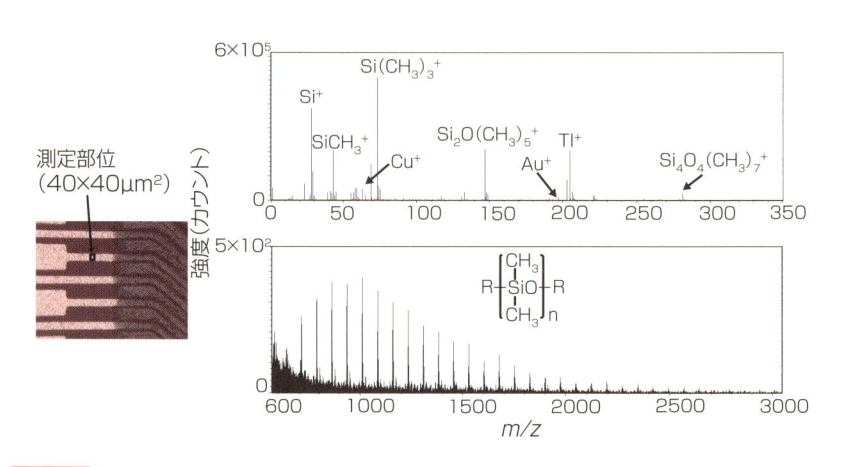

図 5.19 FPC の配線表面（写真で示す部位）を測定した正二次イオンスペクトル

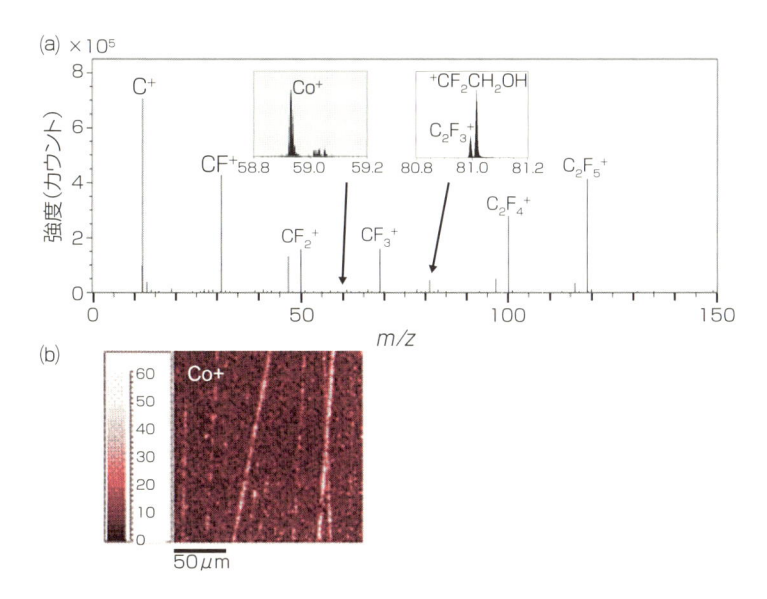

Chapter 5 飛行時間型二次イオン質量分析法(TOF-SIMS;Static SIMS)

による磁性層,ダイヤモンドライクカーボン(DLC:Diamond Like Carbon)による保護膜,さらに最表面は1～2 nmの膜厚といわれるフッ素系潤滑剤で構成されている.図5.20はハードディスクを温度60℃,湿度80%の雰囲気に48時間放置したハードディスクの表面をTOF-SIMSで測定したスペクトルとCo^+のイオン像である.スペクトルでは最表面の薄い潤滑剤によるピークが特徴的に検出されており,CF_3^+や$C_2F_5^+$が強いことなどから$-(CF_2O)-$と$-(CF_2CF_2O)-$の構造を含み,$-(CF_2CF_2CF_2O)-$の構造を含まないパーフルオロポリエーテルであると推定される(ここには示さないが,負二次イオンスペクトルも考慮して同定).また,m/z 81に$^+CF_2CH_2OH$と推定されるピークが認められることから,その分子の末端基は水酸基であると考えられる.なお,潤滑剤の分子が下層の保護膜と結合した場合,末端基のピーク強度が弱くなることを利用して,化学吸着している潤滑剤分子の割合を見積もる試みも行なわれている[15].また,磁性層に含まれるコバルトが検出されており,DLCの保護膜の下から表面に拡散してきたものと考えられるが,そのイオン像によるとテクスチャーの溝と思われる筋状の部分で特に濃度が高いことがわかる.

図5.20 高温加湿試験を行なったハードディスク表面の正二次イオンスペクトル(a)とCo^+のイオン像(b)

5.5.4
生体材料・組織

　TOF-SIMS で生体材料を測定する目的の中心は，生体内に含まれる微量な有機成分の分布を視覚的に捉えることである．しかし，毛髪や角質などを除くと生体材料の多くは多量の水分を含み，TOF-SIMS で測定可能な清浄な断面作製が容易でないことや，分子量の大きい有機成分は分布を観察するうえで十分な感度が得られないことなどが原因で，期待するイオン像が得られない場合が少なくない．

　図 5.21 はトリートメント処理した毛髪断面のイオン像である．トリートメント成分のうちシリコーン $\{Si_iO_m(CH_3)_n^+\}$ は毛髪内部の毛皮質（コルテックス）まで浸透しているが，陽イオン性界面活性剤 $\{^{312}C_{18}H_{37}N(CH_3)_3^+\}$ は表面の毛表皮（キューティクル）にとどまっていることがわかる．

　近年発展したクラスターイオンを一次イオンに用いることによる有機物の高感度化は，TOF-SIMS の生体材料への適用を促進している．図 5.22 は凍結状態で切片を作製したマウスの脳について，Bi_3^+ を一次イオンに用いた TOF-SIMS でイメージング測定を行なった例である．一次イオンビームを固定し，試料台を走査することで広範囲（18×18 mm^2）の測定を行なっている．イオン像では，コリン（m/z 86），ホスフォコリン（m/z 184），コレステロール（m/z 369, 385），ビタミン E（m/z 430），リン脂質（m/z 769）などの成分に

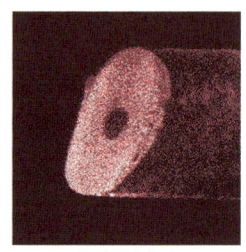

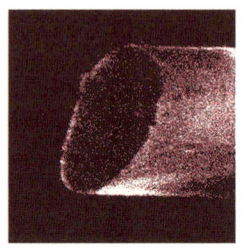

Si(CH$_3$)$_3^+$　　　　　^{368}C$_{25}$H$_{54}$N$^+$

図 5.21　毛髪断面におけるトリートメント成分 $\{$（シリコーン：Si(CH$_3$)$_3^+$，陽イオン性界面活性剤：^{368}C$_{25}$H$_{54}$N$^+$）$\}$ のイオン像

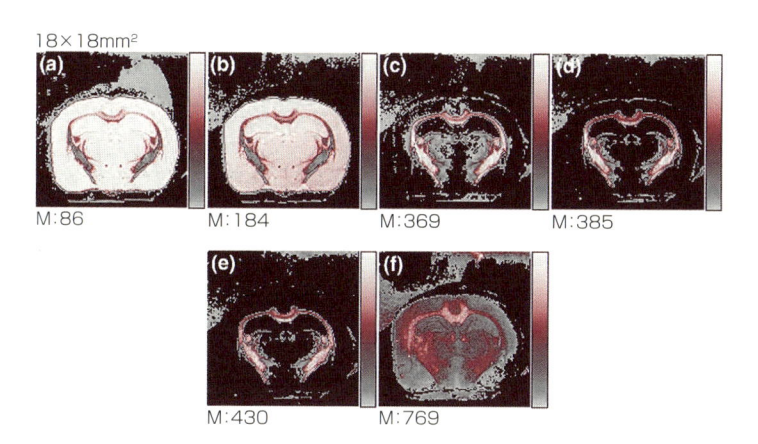

Chapter 5　飛行時間型二次イオン質量分析法（TOF-SIMS；Static SIMS）

図 5.22　マウスの脳断面における各成分の正二次イオン像

(a) コリン，(b) ホスフォコリン，(c) および (d) コレステロール，(e) ビタミンE，(f) リン脂質．
【出典】D. Touboul, F. Kollmer, E. Niehuis et al : J. Am. Soc. Mass Spectrom., **16**, 1608–1618 (2005).
➡口絵1参照

ついて，それぞれ特有の分布が観察されており，コレステロールが脳梁などに分布している様子が確認できる[16]．

5.5.5
イオンエッチング法による深さ方向分析

エッチング専用のイオン銃を併用したデュアルビームの深さ方向分析では，基本的にダイナミックSIMS専用機と同様のデプスプロファイルが得られるが，TOF-SIMSでは測定のすべての段階で全元素を含むスペクトルと空間分解能の高いイオン像を蓄積することができるため，事前に注目元素が特定できない不純物元素の分析や微小部の測定に適している．図5.23は配線，層間絶縁膜，Poly-Si電極などを除去し，Si基板を露呈させたマイコンSRAM部表面の走査キャパシタンス顕微鏡（SCM）によるdC/dV像である．同様の部位について，TOF-SIMSのデュアルビームによる深さ方向分析を行なったスペクトルとイオン像（表面から約150 nmまでの積算）より，n^+層におけるドーパント元素はヒ素であることがわかる（図5.24）．なお，このようなサブμmの

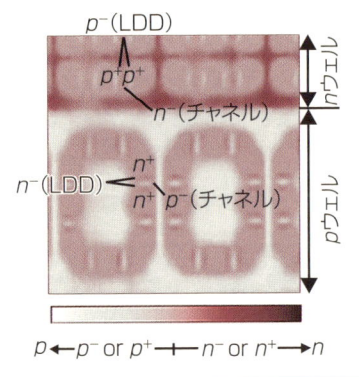

図 5.23 マイコン SRAM 部シリコン基板表面の SCM による dC/dV 像（X–Y モード）

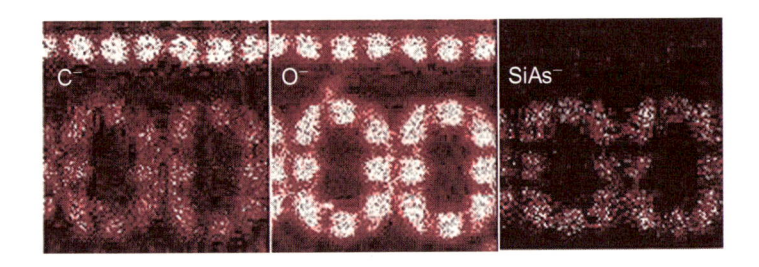

図 5.24 マイコン SRAM 部の負二次イオン像

10×10 μm^2, デプスプロファイル測定による表面から約 150 nm までの積算.

高空間分解能での測定においては，質量分解能が極端に低下するため，別途，高質量分解能での測定を行ない m/z 103 のピークが AsSi$^-$ であることを確認している．イオン像をもとにして，n$^+$ 層，p$^+$ 層，p ウェルの各部位におけるデプスプロファイルを抽出し，濃度換算すると図 5.25 のプロファイルが得られた．n$^+$ 層に注入されているヒ素の分布が捉えられていると同時に，p$^+$ 層では炭素，酸素が基板内部に入り込んでいる様子が確認できる．

このように，TOF-SIMS による深さ方向分析では，これまでダイナミック SIMS では測定が困難であった 1 μm 以下の微小領域におけるデプスプロファイル測定が可能であるが，断続的にエッチングを行なっているため，炭素，酸素など大気成分元素のバックグラウンドがやや高いことや，測定条件によって

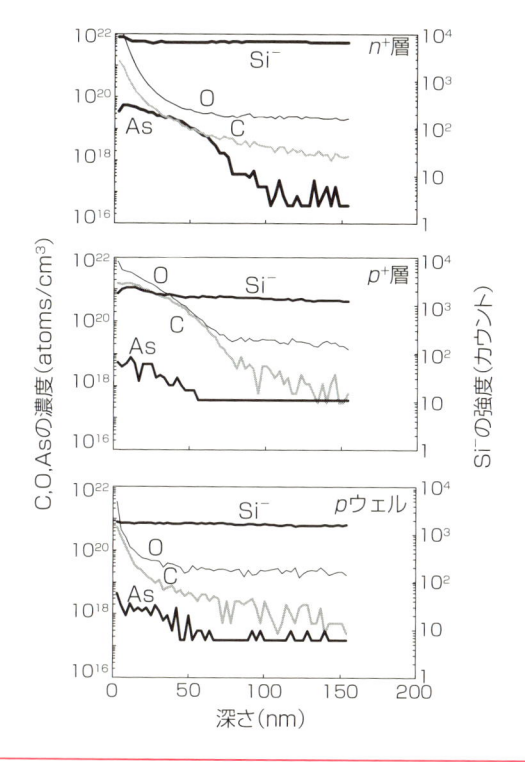

Chapter 5 飛行時間型二次イオン質量分析法 (TOF-SIMS; Static SIMS)

図 5.25 マイコン SRAM 部の n^+ 層, p^+ 層, p ウェルにおけるデプスプロファイル
$10 \times 10 \mu m^2$ での測定後, 各部位のプロファイルを再構築したもの.

は高加速エネルギーの一次イオンによるミキシングの影響が大きいことなどの問題点もある.

5.5.6
精密斜め切削法による深さ方向分析

通常, 薄膜の深さ方向分析はイオンエッチングを用いて行なわれることが多く, デュアルビームによる TOF-SIMS の深さ方向分析もその一つである. しかし, 特殊な測定条件を除いては, 前述のように, 高分子などの有機物に対してイオンエッチングを行なうと, エッチング表面の化学構造変化は避けられず, 得られる情報は元素情報に限られる. 高分子の化学構造や添加剤についての深さ方向分析を行なうためには, 精密斜め切削法と TOF-SIMS などの表面

分析手法を組み合わせた深さ方向分析が有効である[17]．精密斜め切削法はダイヤモンドの刃で薄膜を直線的かつ非常に浅い角度で斜めに切削する加工技術であり，厚さ約 100 nm の薄膜に対して長さ約 100 μm の切削面を作製することができる．この切削面に対して TOF-SIMS のライン分析を行なうことで，化学構造や添加剤の深さ方向分布を調べることが可能となる．図 5.26，5.27 にノボラック樹脂を主体とする化学増幅型フォトレジストの深さ方向分析の分析結果を示す[18]．レジストの膜厚は約 160 nm であり，切削によって得られた約 300 μm の直線的な切削面（傾斜面）に対して TOF-SIMS スペクトルを得た（図 5.26）．スペクトルには，ノボラック樹脂による $C_7H_7O^-$ のほか，メラミン（架橋剤）による CN^-，微量に含まれているフッ素系スルホン酸エステル（光酸発生剤）による F^- や $CF_3SO_3^-$ などが認められる．これらのイオン種について，イオン像を取得し，強度のラインプロファイル（デプスプロファイル）を得たものが図 5.27 である．デプスプロファイルによると，ノボラック樹脂による $C_7H_7O^-$ やメラミン（架橋剤）による CN^- の強度は深さ方向でほぼ均一であるが，フッ素系スルホン酸エステル（光酸発生剤）による F^- や $CF_3SO_3^-$ は不均一であり，光酸発生剤は表面から約 40 nm の深さで極小となるような濃度分布であることがわかる．このような高分子の深さ方向分析は，単なる成分分析としてだけでなく，表面改質層の深さ分析や積層膜界面のミキシング状態の解析などさまざまな活用が試みられている．

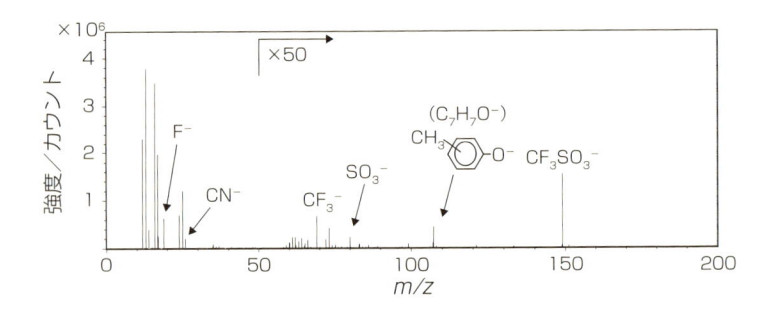

図 5.26 化学増幅型レジストの斜め切削面における負二次イオンスペクトル

【出典】N. Man, H. Okumura, H. Oizumi et al.: Appl. Surf. Sci., **231–232**, 353（2004）．

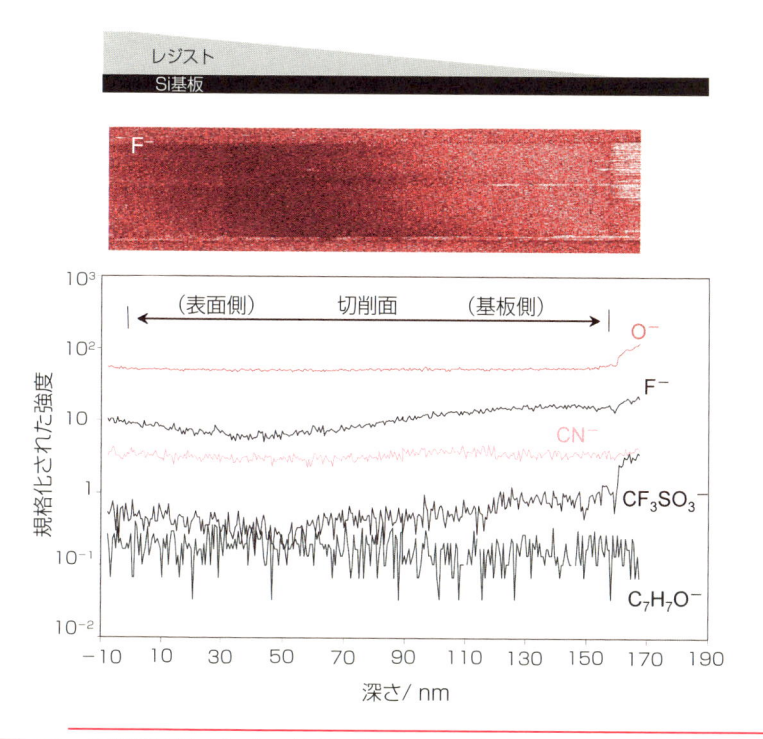

Chapter 5 飛行時間型二次イオン質量分析法（TOF-SIMS；Static SIMS）

図 5.27 化学増幅型レジストの斜め切削面のイオン像（フッ素）と，ラインプロファイルを深さ換算して得られた各イオン種のデプスプロファイル

【出典】N. Man, H. Okumura, H. Oizumi *et al.* : *Appl. Surf. Sci.*, **231–232**, 353（2004）.

コラム　必ず検出される表面汚染

　TOF-SIMS の測定では，どんなに清浄と思っているサンプルでも表面汚染物が検出される．その多くは，高分子の添加剤やシリコン樹脂の低分子量成分などであり，サンプル自体にこれらが接した履歴がなくても，保管雰囲気などからサンプル表面に付着する．特にシリコーン成分は TOF-SIMS で感度が高く，身の回りの多くの製品に使われていることから，最も検出されやすい表面汚染といえる．表面汚染を極力抑えるためには，できるだけプラスチック製品を避けた保管やサンプリング方法を心がける必要がある．

5.6 まとめ

　TOF-SIMS はその表面感度の高さと，化学構造や分布といった情報量の多さから，今や欠くことのできない表面分析手法の一つとなっている．また，分析対象は一般工業材料である高分子フィルムや成型品，金属，ガラス材料のほか，半導体や生体組織など幅広く，それぞれの分野で特色ある分析結果を得ることができる．ただし，TOF-SIMS に強く求められる有機物の解析に関しては，FT-IR や他の質量分析に比べてデータベースが乏しく，複数の化合物のフラグメンテーションやマトリックス効果などを考慮することが重要であり，測定結果を正しく解釈するためにはある程度の習熟が必要である．

　近年における市販装置の開発の主な方向は，有機物に対する高感度化，ダメージのないエッチングガンの開発，および一次イオンビームの微細化（空間分解能の向上）である．いずれの性能も徐々に向上しており，分析手法としての可能性がさらに広がることが期待される．分析者としては，測定原理に基づいた前処理の工夫や解析力の向上により，測定結果から最大限の情報を引き出す努力を続けていく必要がある．

参考文献

1) A. Benninghoven : *"Proceedings of SIMS II"* ed. by C. A. Evans, Jr., R. A. Powell, R. Shimizu, A. Storm, p.116, Springer（1979）.
2) J. Schwieters, H.-G. Cramer, T. Heller, U. Jurgens, E. Niehuis, J. Zehnpfennig, A. Benninghoven : *J. Vac. Sci. Technol.*, **A 9**, 2864（1991）.
3) B. W. Schueler : *"ToF-SIMS : Surface Analysis by Mass Spectrometry"* ed. by J. C. Vickerman, D. Briggs, p.87, IM Publications & SurfaceSpectra Limited（2001）.
4) R. Kersting, B. Hagenhoff, F. Kollmer, R. Möllers, E. Niehuis : *Appl. Surf. Sci.*, **231**–

232, 261 (2004).
5) C. Szakal, S. Sun, A. Wucher, N. Winograd : *Appl. Surf. Sci.*, **183**, 231 (2004).
6) H.-G. Cramer, T. Grehl, F. Kollmer, R. Moellers, E. Niehuis, D. Rading : *Appl. Surf. Sci.*, **255**, 966 (2008).
7) J. Matsuo, S. Ninomiya, Y. Nakata, Y. Honda, K. Ichiki, T. Seki, T. Aoki : *Appl. Surf. Sci.*, **255**, 1235 (2008).
8) H.A. Storms, K. F. Brown, J. D. Stein : *Anal. Chem.*, **49**, 2023 (1977).
9) J.C. Vickerman, D. Briggs : *The Wiley Static SIMS Library*, John Wiley & Sons. (1996).
10) D. Briggs : *Surf. Interface Anal.*, **8**, 133 (1986).
11) D.V. Leyen, B. Hagenhoff, E. Niehuis, A. Benninghoven : *J. Vac. Sci. Technol.*, **A 7**, 1790 (1989).
12) Y. Nakayama, K. Takahashi, T. Sasamoto : *Surf. Interface Anal.*, **24**, 711 (1996).
13) N. Man, A. Karen, K. Takahashi, Y. Nakayama, A. Ishitani, "*Proceedings of SIMS XI*" ed. by G. Gillen, R. Lareau, J. Bennett, F. Stevie, p.517, John Wiley&Sons (1998).
14) 林 泰夫, 工藤正博 : 表面科学, **22**(1), pp.55–63 (2001).
15) Y. Abe, M. Shibayama, T. Matsuo : *Surf. Interface Anal.*, **30**, 632 (2000).
16) D. Touboul, F. Kollmer, E. Niehuis, A. Brunelle, O. Laprévote : *J. Am. Soc. Mass Spectrom.*, **16**, 1608–1618 (2005).
17) N. Nagai, T. Imai, K. Terada, H. Seki, H. Okumura, H. Fujino, T. Yamamoto, I. Nishiyama, A. Hatta : *Surf. Interface Anal.*, **34**, 545 (2002).
18) N. Man, H. Okumura, H. Oizumi, N. Nagai, H. Seki, I. Nishiyama : *Appl. Surf. Sci.*, **231-232**, 353–356 (2004).

付録 主な元素の科学シフト

X線光電子分光法 (XPS, ESCA) において，元素の同定や化学状態の解析を行なうためには，スペクトルに現われた光電子ピークの位置 (結合エネルギー) を文献値などと照合することになる．ここでは，主な元素の代表的な内殻軌道について，化学状態別の結合エネルギーを表にまとめた．解析の参考として欲しい．

主な元素の化学シフト

【出典】D. Briggs, M. P. Seah Eds.: *Practical Surface Analysis By Auger And X-Ray Photoelectron Spectroscopy*, 2nd Ed., John Wiley&Sons, Chichester, England（1990）より引用[#].

原子番号	元素	化合物	内殻軌道	結合エネルギー(eV)
3	LITHIUM	Li LiO LiOH LiF Li_2CO_3	1s	54.8 55.6 54.9 55.7 55.2
4	BERYLLIUM	Be BeO	1s	111.8 113.7
5	BORON	BN B_2O_3	1s	190.5 193.1
6	CARBON	C, graphite TiC C_6H_6 Na_2CO_3 CF_2CF_2	1s	284.5 281.5 284.9 289.4 292.6
7	NITROGEN	CrN Si_3N_4 BN NH_3 NH_4Cl $NaNO_2$ $NaNO_3$	1s	396.8 397.7 398.1 398.8 401.7 403.8 407.3
8	OXYGEN	NiO $Ni(OH)_2$ CuO Cu_2O Fe_3O_4 MoO_3 Al_2O_3 $poly(CH_2CHOH)$ H_2O	1s	529.5 531.2 529.6 530.4 530.0 530.6 531.0 532.6 533.1
9	FLUORINE	CaF_2 LiF MgF_2 $poly(CF_2CF_2)$ C_6F_6	1s	684.8 685.0 685.5 690.0 690.9
12	MAGNESIUM	Mg MgO $Mg(OH)_2$	2p	49.6 50.4 49.5
13	ALUMINIUM	Al AlN Al_2O_3, alpha Al_2O_3, gamma Al_2O_3, sapphire $Al(OH)_3$	2p	72.9 74.0 73.9 73.7 74.1 74.3

付録　主な元素の化学シフト

原子番号	元素	化合物	内殻軌道	結合エネルギー(eV)
14	SILICON	Si $MoSi_2$ PtSi SiC Si_3N_4 SiO_2	$2p_{3/2}$	99.4 99.6 100.5 100.4 101.9 103.4
15	PHOSPHORUS	P(red) GaP InP $AlPO_4$ P_2O_5	$2p_{3/2}$	130.2 128.7 129.7 132.9 135.2
16	SULFUR	S NiS Na_2SO_3 $CuSO_4$ Na_2SO_4 CS_2 SO_2	$2p_{3/2}$	164.3 162.8 166.6 169.1 169.1 163.6 167.4
17	CHLORINE	NaCl KCl poly−(vinyl chloride)	$2p_{3/2}$	198.6 198.4 200.1
19	POTASSIUM	K KBr KCl	$2p_{3/2}$	294.7 293.1 292.8
20	CALCIUM	Ca CaO $CaCl_2$ CaF_2 $CaCO_3$ $CaSO_4$	$2p_{3/2}$	345.9 347.3 348.3 347.9 347.0 348.0
21	SCANDIUM	Sc Sc_2O_3	$2p_{3/2}$	398.3 401.9
22	TITANIUM	Ti Ti TiP TiN TiC TiO_2 $BaTiO_3$	$2p_{3/2}$	453.9 454.0 454.8 455.8 454.6 458.7 458.6
23	VANADIUM	V VN V_2O_3 V_2O_5	$2p_{3/2}$	512.1 514.3 515.8 517.7
24	CHROMIUM	Cr Cr_2O_3 CrO_3	$2p_{3/2}$	574.3 576.6 580.1

原子番号	元素	化合物	内殻軌道	結合エネルギー(eV)
25	MANGANESE	Mn MnP MnN Mn_2O_3 Mn_3O_4 MnO_2	$2p_{3/2}$	638.8 639.0 641.3 641.6 641.4 642.6
26	IRON	Fe FeO Fe_2O_3	$2p_{3/2}$	706.7 709.6 710.9
27	COBALT	Co CoO $Co(OH)_2$	$2p_{3/2}$	778.3 780.4 781.3
28	NICKEL	Ni NiO Ni_2O_3 $Ni(OH)_2$	$2p_{3/2}$	852.7 854.4 856.0 855.9
29	COPPER	Cu Cu_2O CuO	$2p_{3/2}$	932.7 932.4 933.8
30	ZINC	Zn ZeSe ZnS ZnO	$2p_{3/2}$	1021.8 1022.0 1021.6 1022.1
31	GALLIUM	Ga GaAs GaP GaN AlGaAs Ga_2O_3	$3d$	18.7 19.3 19.3 19.5 19.0 20.5
32	GERMANIUM	Ge GeO_2	$3d$	29.3 32.7
33	ARSENIC	As AlGaAs GaAs As_2O_3 As_2O_5	$3d_{5/2}$	41.5 41.0 41.2 44.9 46.1
34	SELENIUM	Se SeO_2	$3d_{5/2}$	55.2 58.8
38	STRONTIUM	Sr SrO	$3d_{5/2}$	134.4 135.3
39	YTTRIUM	Y Y_2O_3	$3d_{5/2}$	155.8 157.0
40	ZIRCONIUM	Zr ZrO_2	$3d_{5/2}$	178.8 182.2
41	NIOBIUM	Nb NbO NbO_2 Nb_2O_5	$3d_{5/2}$	202.2 203.7 205.7 207.6

付録　主な元素の化学シフト

原子番号	元素	化合物	内殻軌道	結合エネルギー(eV)
42	MOLYBDENUM	Mo Mo_2C MoO_2 MoO_3	$3d_{5/2}$	227.9 227.8 229.6 232.8
44	RUTHENIUM	Ru RuO_2 RuO_3 RuO_4	$3d_{5/2}$	279.9 280.9 282.5 283.3
45	RHODIUM	Rh Rh_2O_3	$3d_{5/2}$	307.1 308.7
46	PALLADIUM	Pd PdO PdO_2	$3d_{5/2}$	334.8 336.3 337.9
47	SILVER	Ag Ag_2O AgO	$3d_{5/2}$	368.2 367.8 367.4
48	CADMIUM	Cd CdO $Cd(OH)_2$	$3d_{5/2}$	405.1 404.2 405.1
49	INDIUM	In InSb InP In_2O_3	$3d_{5/2}$	443.8 444.3 444.6 444.4
50	TIN	Sn SnO SnO_2	$3d_{5/2}$	484.9 486.9 486.6
51	ANTIMONY	Sb InSb Sb_2O_3	$3d_{5/2}$	528.1 528.0 530.0
52	TELLURIUM	Te TeO_2 TeO_3 $Te(OH)_6$	$3d_{5/2}$	572.9 576.1 577.3 577.1
56	BARIUM	Ba BaO $BaCO_3$	$3d_{5/2}$	780.6 779.9 779.9
57	LANTHANUM	La La_2O_3	$3d_{5/2}$	835.9 834.8
58	CERIUM	Ce CeO_2	$3d_{5/2}$	883.9 881.9
59	PRASEODYMIUM	Pr Pr_2O_3 PrO_2	$3d_{5/2}$	932.0 933.6 935.3
63	EUROPIUM	Eu Eu_2O_3	$4d$	128.4 135.6

原子番号	元素	化合物	内殻軌道	結合エネルギー(eV)
70	YTTERBIUM	Yb Yb_2O_3	4 d	183.0 185.2
71	LUTETIUM	Lu Lu_2O_3	4 $d_{5/2}$	196.6 196.5
72	HAFNIUM	Hf HfO_2	4 $f_{7/2}$	14.2 16.7
73	TANTALUM	Ta Ta $TaSi_2$ Ta_2O_5	4 $f_{7/2}$	21.6 21.9 27.0 26.5
74	TUNGSTEN	W WC WO_2 WO_3	4 $f_{7/2}$	31.3 31.5 32.7 35.7
75	RHENIUM	Re ReO_2 Re_2O_7	4 $f_{7/2}$	40.5 43.2 46.7
76	OSMIUM	Os OsO_2	4 $f_{7/2}$	50.7 52.0
77	IRIDIUM	Ir IrO_2	4 $f_{7/2}$	60.8 62.0
78	PLATINUM	Pt PtO PtO_2 $Pt(OH)_2$ $Pt(OH)_4$	4 $f_{7/2}$	71.1 74.2 75.0 72.6 74.6
79	GOLD	Au Au_2O_3	4 $f_{7/2}$	84.0 85.9
80	MERCURY	Hg HgS HgO	4 $f_{7/2}$	99.9 100.8 100.8
81	THALLIUM	Tl Tl_2O_3 TlF	4 $f_{7/2}$	117.7 117.5 119.2
82	LEAD	Pb PbO PbO_2 $Pb(OH)_2$	4 $f_{7/2}$	136.8 137.3 137.4 138.0
90	THORIUM	Th ThO_2	4 $f_{7/2}$	333.1 334.6
92	URANIUM	U UO_2 U_3O_8 UO_3	4 $f_{7/2}$	377.4 380.2 380.7 381.3

付 録　主な元素の化学シフト

原子番号	元素	化合物	内殻軌道	結合エネルギー(eV)
94	PLUTONIUM	Pu_2O_3 PuO_2	$4f_{7/2}$	424.7 426.2

#本数値は，"D. Briggs, M. P. Seah Eds.: *Practical Surface Analysis By Auger And X-Ray Photoelectron Spectroscopy*, 2 nd Ed., John Wiley & Sons, Chichester, England（1990）."より引用した．引用の際には，結合エネルギーが小数点以下2桁目まで記載されているデータに関しては，四捨五入により小数点以下1桁に統一して表記した．

索　引

【数字】

95% 情報深さ ························ *77, 79*

【欧文】

Ar⁺イオンエッチング ········ *61, 64, 80*
ATR イメージング ····················· *31*
C₆₀⁺イオン ························ *61, 81*
CAE モード ······················· *59, 73*
CCD 検出器 ······················· *14, 42*
CRR モード ··························· *59*
DCTC⁻ ······························· *37*
Differential charging ················ *65*
DLC 膜 ·························· *34, 161*
DTGS 検出器 ·························· *13*
far-field ···························· *45*
FPC ································ *160*
GC（Classy Carbon） ················· *40*
InGaAs マルチチャネル検出器 ········ *42*
ITO ································· *88*
Kubelka-Munk（K-M） ················ *24*
LMIG ······························ *140*
LSI ································· *44*
MCT 検出器 ·························· *13*
MOSFET ····························· *44*
PET フィルム ························ *34*
PG（Pyrolytic Graphite） ············ *40*
SERS ································ *35*
Shirley 法 ························ *67, 68*
sp² カーボン ························· *38*
sp³ カーボン ························· *38*
TCNQ ······························· *36*
TGS 検出器 ·························· *13*
Tougaard 法 ·························· *68*
TO フォノン ························· *29*
TRIFT 型 ··························· *139*
VLSI スタンダード ··················· *47*

X 線源 ······················ *64, 65, 70*
X 線サテライト ··················· *58, 74*
YAG レーザー ························ *43*
Zalar 回転 ·························· *119*
π–π*シェイクアップサテライト ······ *75, 84*

【あ】

アセチレンブラック ·················· *86*
アナライザー ········ *54, 57, 59, 64, 70, 73*
アノード ······················ *57, 58, 82*
アミノ基 ···························· *146*
アラキジン酸カドミウム LB 膜 ······· *18*
イオン化率 ······················ *101, 150*
イオン像 ···························· *139*
一次イオン ·························· *134*
一次イオン入射角依存性 ············· *122*
イミド環 ···························· *43*
運動エネルギー（K. E.） ···*54, 55, 59, 77*
液晶ディスプレイ ················ *88, 89*
液体金属イオン銃 ··················· *140*
エッチング銃 ···················· *57, 61*
エネルギー軸補正 ············ *66, 67, 87*
エバネッセント波 ···················· *17*
エルカ酸アミド ····················· *148*
塩化ナトリウム ····················· *145*
円筒鏡型アナライザー ············ *58, 59*
オージェ過程 ························ *70*
オージェ電子分光法 ·················· *92*
オージェピーク ······················ *70*
オフセット電圧 ····················· *112*
オリゴマー ·························· *153*

【か】

界面活性剤 ·························· *158*
化学吸着 ···························· *161*
化学シフト ···················· *56, 65, 71*
化学情報能 ···························· *6*

179

拡散反射法（DRIFTS） ……………15, 23
角度分解測定 ………………67, 78, 79
カチオニゼーション ………………155
価電子帯 …………………………76
ガラス表面 ………………………158
カルボキシ基 ……………………156
カルボン酸 ………………………146
感度補正値 ………………………71
気相化学修飾法……………84, 156
共焦点光学顕微鏡 ………………43
共鳴光電子分光 …………………83
共鳴ラマン効果 ……………15, 38
鏡面反射法 ………………………15
近接場プローブ …………………45
近接場ラマン分光法 ……………44
空間分解能 ………………………5, 6
クラスターイオン …………62, 92, 141
グラファイト構造 ………………87
クレータエッジ効果 ………106, 116
クレータ深さ ……………………118
傾斜研磨法 ………………………41
結合エネルギー（B. E.）……55, 65, 67, 68,
　　　　　　69, 70, 71, 72, 74, 76, 87, 89, 91
検出深さ ………………56, 77, 78, 81
検量線 ……………………………151
硬Ｘ線 ………………………83, 92
高感度反射法（RAS） ……15, 20
光電効果 ……………………54, 55
光電子イメージング………59, 60, 82, 88
光電子顕微鏡（PEEM）………83, 92
高分子 ……………………………152
固体高分子形燃料電池（PEFC） ………90

【さ】

サテライト …………………73, 74, 75, 86
酸素リーク法 ………………106, 120
シェイクアップ ……………75, 86
紫外線光電子分光法（UPS） ……76
仕事関数 …………………………55
自然幅 ………………………72, 73

質量スペクトル …………………128
質量分解能 ………………………112
潤滑剤 ……………………………161
衝突カスケード …………………137
シリコンウエハ ……………78, 80
スタティック SIMS ………98, 134
ステアリン酸累積膜 ………………2
スパッタエッチング ……61, 79, 93
スパッタ収率 ……………………101
スパッタ速度 ……………………101
スパッタリング …………………100
スピン・軌道相互作用 ……68, 69
スムージング ………………66, 67
正イオン …………………………145
生体材料 …………………………162
静電半球型アナライザー ……58, 60, 73
精密質量数 ………………………147
精密斜め切削法 ……………9, 165
ゼオライト触媒 …………………26
赤外顕微鏡 ………………………13
接触角 ……………………………2
遷移領域 …………………………120
選択エッチング …………………80
全反射法（ATR） ……15, 17, 33
全反射ラマン法 …………………33
走査型 SIMS ……………………106
相対感度因子（RSF） ……107, 150
装置関数 …………………………71
測定深さ …………………………5

【た】

帯電中和 ……………………61, 65
帯電中和銃 ………57, 61, 64, 65, 144
帯電補償 ……………………105, 122
ダイナミック SIMS ……………98
ダイヤモンド表面 ………………36
脱出角 ………………………77, 79
単色化 ………………………58, 73
炭素繊維 …………………………42
チャージアップ ……………122, 128

索　引

テイラーコーン ……………………… 140
定量分析 ……………………………… 67, 70
デプスプロファイリング … 61, 62, 67, 79, 80, 81, 92
デプスプロファイル ……………… 164
デュアルビーム …………………… 143, 163
添加剤 ………………………………… 152
電極触媒層 …………………………… 91
電子レンズ ………………………… 59, 82
同位体 ………………………………… 148
投影型 SIMS ………………………… 106
透過率 ……………………………… 106, 107
ドーズ量 ……………………………… 135
ドーパント …………………………… 163

【な】

ナロースキャン …………… 65, 66, 69, 86
二次イオン …………………………… 134
二次イオン収率 ……………………… 141
二重収束型 …………………………… 138
二重収束型 SIMS ………… 103, 122, 123
ノックオン ………………………… 61, 81
ノックオン効果 …………… 100, 119, 124

【は】

ハードディスク ……………………… 160
配向膜 ……………………………… 88, 90
波形分離 ……………………………… 68
バックグラウンド …… 58, 66, 67, 68, 113
バックサイド SIMS ………………… 126
バンチング …………………………… 141
反応性イオンエッチング ………… 123
ピーク分割 ……………………… 67, 68, 90
光イオン化断面積 ………………… 71
光音響分光法（PAS） ……………… 15
光酸発生剤 ………………………… 166
光ファイバー ……………………… 158
飛行時間型 SIMS …………………… 105
飛行時間型二次イオン質量分析法（TOF-SIMS） …………………………… 89, 92

非弾性散乱 …………………………… 56
非弾性平均自由行程（IMFP） … 56, 77, 83
ヒドロキシ基 ………………………… 156
標準試料 ……………………… 108, 109, 115
表面感度 ……………………………… 5
表面増強ラマン散乱（SERS） …… 15, 34
表面電磁波法（SEIRA） …………… 15, 21
表面微小部 …………………………… 6
表面物性 ……………………………… 3
表面プラズモンポラリトン ……… 35
表面分析手法 ………………………… 4
負イオン ……………………………… 145
フェルミ準位 ………………………… 67
深さ方向プロファイル …………… 79, 80
深さ方向分析 …………………… 8, 61, 163
プラズモン励起 ……………………… 74
フラッドガン ………………………… 144
プリカーサーモデル ……………… 135
ブレンステッド酸点 ……………… 27
分子イオン …………………………… 112
分子量分布 ………………………… 155
ベンゾトリアゾール ……………… 151
妨害イオン …………………………… 112
放射光 ………………………………… 82
ポリイミドフィルム ……………… 43
ポリエチレン ………………………… 76
ポリエチレンテレフタレート（PET）
………………… 65, 66, 67, 69, 84, 85, 153
ポリジメチルシロキサン（シリコーン）
…………………………………………… 160
ポリプロピレン（PP） …………… 76, 154
ポリメチルメタクリレート ……… 143

【ま】

マイグレーション ………………… 121, 160
マトリックス効果 ………………… 110, 149
マトリックス補正 …………………… 71
ミキシング ……………………… 61, 81
無水トリフルオロ酢酸 …………… 157
メモリー効果 ……………………… 104

181

毛髪 ……………………………………*162*

【や】

有機 EL 素子 ……………………………*129*
四重極型 …………………………………*138*
四重極型 SIMS ……………………*104, 122*

【ら】

ラスター変化法 …………………………*114*

ラベル化 …………………………………*157*
リフレクトロン …………………………*139*
励起 X 線 …………………………*58, 70, 71*
レジスト …………………………………*166*
レンズ反射防止膜 ………………………*128*

【わ】

ワイドスキャン ………*65, 66, 69, 86, 89*

[著者紹介]

石田　英之（いしだ　ひでゆき）
1972 年　大阪大学大学院基礎工学研究科化学系博士課程修了・工学博士
現　在　大阪大学ナノサイエンスデザイン教育研究センター　招聘教授，立命館大学招聘研究教授（元（株）東レリサーチセンター代表取締役副社長）
専　門　物理化学，分子分光
主　著　日本分光学会測定法シリーズ 17『ラマン分光法』（浜口宏夫・平川暁子編，分担執筆）学会出版（1988），『高分子データハンドブック』（高分子学会編，分担執筆）培風館（1986），『新実験化学講座，基礎技術(3)—光』（日本化学会編，分担執筆）丸善（1988），『表面赤外およびラマン分光』（分担執筆）アイピーシー（1990），『固体表面分析』（大西孝治・堀池靖浩・吉原一紘編，分担執筆）講談社（1995）．

吉川　正信（よしかわ　まさのぶ）
1986 年　大阪大学大学院工学研究科応用物理学科博士課程修了・工学博士
現　在　（株）東レリサーチセンター　専務取締役　研究部門長
専　門　応用物理学
主　著　実用分光法シリーズ 3『ラマン分光法』（尾崎幸洋編，分担執筆）アイピーシー（1998），『表面・界面工学大系［上巻］—基礎編』（本多健一他編，分担執筆）フジ・テクノシステム（2005），『樹脂の硬化度・硬化挙動の測定と評価方法』（分担執筆）サイエンス&テクノロジー（2007），『LED 照明の高効率化プロセス・材料技術と応用展開』（分担執筆）サイエンス&テクノロジー（2010），"Handbook of Vibrational Spectroscopy"（John Chalmers・Peter Griffiths 編，分担執筆）Wiley（2002）．

中川　善嗣（なかがわ　よしつぐ）
1986 年　京都大学大学院理学研究科物理学第一専攻修士課程修了
現　在　（株）東レリサーチセンター　取締役　総務・管理部門長
専　門　物性物理学，高分子物理学，表面分析
主　著　『導電性高分子の最新応用技術』（小林征男監修，分担執筆）シーエムシー出版（2004），"Roadmap of Scanning Probe Microscopy"（Seizo Morita 編，分担執筆）Springer（2007）．

宮田　洋明（みやた　ひろあき）
2002 年　奈良先端科学技術大学院大学物質創成科学研究科修士課程修了
現　在　（株）東レリサーチセンター　表面科学研究部表面科学第 2 研究室主任研究員
専　門　光電子分光法，放射光科学，表面分析

加連　明也（かれん　あきや）
1984 年　大阪大学大学院基礎工学研究科化学系博士前期課程修了
前　　　物質・材料研究機構　ナノ材料科学環境拠点　拠点マネージャー
　　　　逝去（2017 年）
専　門　物理化学，表面分析
主　著　『表面分析技術選書—二次イオン質量分析法』（日本表面科学会編，分担執筆）丸善（1999），『次世代 ULSI プロセス技術』（廣瀬全孝他編，分担執筆）リアライズ社（2000），『表面・界面工学大系［上巻］—基礎編』（本多健一他編，分担執筆）フジ・テクノシステム（2005）．

萬　尚樹（まん　なおき）
1995 年　大阪大学大学院理学研究科無機および物理化学専攻博士前期課程修了
現　在　（株）東レリサーチセンター　材料物性研究部長兼新技術開発企画室主幹
専　門　物理化学，表面分析
主　著　『高分子の表面改質・解析の新展開』（小川俊夫監修，分担執筆）シーエムシー出版（2007），『高分子分析入門』（西岡利勝編，分担執筆）講談社サイエンティフィク（2010），『実用プラスチック分析』（西岡利勝・寳﨑達也 編，分担執筆）オーム社（2011）．

分析化学実技シリーズ 応用分析編 1 **表面分析** Experts Series for Analytical Chemistry Application Analysis : Vol.1 Surface Analysis	編　集　（公社）日本分析化学会　©2011 発行者　**南條光章** 発行所　**共立出版株式会社** 〒112-0006 東京都文京区小日向4丁目6番地19号 電話　（03）3947-2511番　（代表） 振替口座　00110-2-57035 URL　www.kyoritsu-pub.co.jp
2011 年 8 月 30 日　初版 1 刷発行 2022 年 4 月 25 日　初版 3 刷発行	印　刷　藤原印刷 製　本
検印廃止 NDC 433, 433.57 ISBN 978-4-320-04391-6	一般社団法人 自然科学書協会 会員 Printed in Japan

JCOPY ＜出版者著作権管理機構委託出版物＞

本書の無断複製は著作権法上での例外を除き禁じられています．複製される場合は，そのつど事前に，出版者著作権管理機構（TEL：03-5244-5088，FAX：03-5244-5089，e-mail：info@jcopy.or.jp）の許諾を得てください．

■化学・化学工業関連書

www.kyoritsu-pub.co.jp　共立出版

化学大辞典 全10巻……………化学大辞典編集委員会編	データのとり方とまとめ方 分析化学のための統計学とケモメトリックス 第2版 宗森 信他訳
大学生のための例題で学ぶ化学入門 第2版 大野公一他著	分析化学の基礎………………………………佐竹正忠他著
わかる理工系のための化学…………今西誠之他編著	陸水環境化学……………………………藤永 薫編集
身近に学ぶ化学の世界………………宮澤三雄編著	走査透過電子顕微鏡の物理 (物理学最前線20) 田中信夫著
物質と材料の基本化学 教養の化学改題……伊澤康司他編	qNMRプライマリーガイド 基礎から実践まで 「qNMRプライマリーガイド」ワーキング・グループ著
化学概論 物質の誕生から未来まで…………岩岡道夫他著	コンパクトMRI…………………………巨瀬勝美編著
プロセス速度 反応装置設計基礎論……………菅原拓男他著	基礎 高分子科学 改訂版………………妹尾 学監修
理工系のための化学実験 基礎化学からバイオ・機能材料まで 岩村 秀他監修	高分子化学 第5版………………………村橋俊介他編
理工系 基礎化学実験…………………岩岡道夫他著	高分子材料化学…………………………小川俊夫著
基礎化学実験 実験操作法Web動画解説付 第2版増補…… 京都大学大学院人間・環境学研究科化学部会編	プラスチックの表面処理と接着…………小川俊夫著
基礎からわかる物理化学………………柴田茂雄他著	化学プロセス計算 第2版………………浅野康一著
物理化学の基礎…………………………柴田茂雄著	"水素"を使いこなすためのサイエンス ハイドロジェノミクス……折茂慎一他編著
やさしい物理化学 自然を楽しむための12講………小池 透著	水素機能材料の解析 水素の社会利用に向けて…折茂慎一他編著
物理化学 上・下 (生命薬学テキストS)……………桐野 豊編	バリア技術 基礎理論から合成・成形加工・分析評価まで………バリア研究会監修
相関電子と軌道自由度 (物理学最前線22)……石原純夫著	コスメティックサイエンス 化粧品の世界を知る 宮澤三雄編著
興味が湧き出る化学結合論 基礎から論理的に理解して楽しく学ぶ 久保田真理著	基礎 化学工学………………………………須藤雅夫編著
現代量子化学の基礎……………………中島 威他著	新編 化学工学…………………………架谷昌信監修
工業熱力学の基礎と要点………………中山 顕他著	エネルギー物質ハンドブック 第2版……(社)火薬学会編
ニホニウム 超重元素・超重核の物理 (物理学最前線24) 小浦寛之著	現場技術者のための 発破工学ハンドブック (社)火薬学会発破専門部会編
有機化学入門………………………………船山信次著	NO (一酸化窒素) 宇宙から細胞まで…………吉村哲彦著
基礎有機合成化学………………………妹尾 学他著	塗料の流動と顔料分散………………植木憲二監訳
資源天然物化学 改訂版………………秋久俊博他編集	